◆ 乡村产业振兴提质增效丛书 ◆

肉羊健康高效养殖新技术

临沂市农业科学院组织编写

杨　燕　主编

中国农业科学技术出版社

图书在版编目（CIP）数据

肉羊健康高效养殖新技术 / 杨燕主编 .—北京：中国农业科学技术出版社，2021.5

ISBN 978-7-5116-5308-6

Ⅰ.①肉…　Ⅱ.①杨…　Ⅲ.①肉用羊-饲养管理　Ⅳ.①S826.9

中国版本图书馆 CIP 数据核字（2021）第 084529 号

责任编辑　褚　怡　张诗瑶
责任校对　李向荣
责任印制　姜义伟　王思文

出 版 者　中国农业科学技术出版社
北京市中关村南大街 12 号　邮编：100081
电　　话　(010)82109705(编辑室)　(010)82109702(发行部)
(010)82109709(读者服务部)
传　　真　(010)82109698
网　　址　http://www.castp.cn
经 销 者　各地新华书店
印 刷 者　北京中科印刷有限公司
开　　本　880 mm×1 230 mm　1/32
印　　张　7.75
字　　数　223 千字
版　　次　2021 年 5 月第 1 版　2021 年 5 月第 1 次印刷
定　　价　35.00 元

献给中华人民共和国成立 70 周年！

《肉羊健康高效养殖新技术》

编　委　会

主　编：杨　燕

副主编：李富宽　王　慧　吕慎金　王振南
李馥霞

编　者：宋美英　钟部帅　李付武　张庆国
陈炳宇　李新新　范敬常　李德领
王　岩　金　波　王冠东　田丽丽
程　明　王军一　刘海涵　胡　北
杨振峰　朱秀艳　李家伦　冯一强
童建军　舒春良　李信涛　王伟霞
刘晓辉　魏恒慧　刘发全　王光柱
田　水　刘　永　康　宏　李　龙
文明星　宓现芹　林清叶　刘　伟

序

实施乡村振兴战略，是以习近平同志为核心的党中央顺应亿万农民对美好生活的向往，对“三农”工作作出的重大战略部署。打造乡村振兴齐鲁样板，是党中央赋予山东的光荣使命。临沂作为全国革命老区、传统农业大市，必须抓住机遇、高点定位、勇于担当、科学作为，全力争取在打造乡村振兴齐鲁样板中走在前列。

近年来，全市各级各部门自觉践行“两个维护”，大力弘扬沂蒙精神，立足本职，精准施策，优化服务，强力推进乡村振兴，做了大量富有成效的工作。其中，临沂市农业科学院围绕良种选育、种养技术研发、农产品精深加工、智慧农业推广及沂蒙特色资源保护与开发等领域，依托各类科技园区、优质农产品基地、骨干企业、农业科技平台，突破了多项关键技术，取得了一批原创性的重大科研成果和关键技术，实施了一批重点农业科技研发项目，为全市乡村产业振兴作出了积极贡献。

在庆祝中华人民共和国成立 70 周年之际，临沂市农业科学院又对 2000 年以来取得的科研成果进行认真遴选，并与国内外先进农业技术集成配套，编纂出版《乡村产业振兴提质增效丛书》。该丛书凝聚了临沂农科人的大量心血，内容丰富、图文并茂、实用性强，这对于指导和推动农业转型升级、加快实施乡村振兴战略必将发挥重要作用。

乡村振兴，科技先行。希望临沂市农业科学院在推进“农业科技展翅行动”中再接再厉、再创辉煌，集中突破一批核心技术、创新应用一批科技成果、集成推广一批运营模式，全面提升农业科技创新水平。希望全市广大农业科技工作者不忘初心、牢记使命，聚焦创新、聚力科研，扎根农村、情系农业、服务农民，进一步为乡村振兴插上科技的翅膀。希望全市人民学丛书、用丛书，增强技能本领，投身“三农”事业，着力打造生产美产业强、生态美环境优、生活美家园好的具有沂蒙特色的“富春山居图”。

（中共临沂市委副书记、市长）

2019 年 7 月 29 日

前　言

我国畜牧业养殖水平取得飞速进步，消费者对肉羊需求量也随之增加。为满足社会日益增长的需要量，肉羊产业得到大规模发展，并由传统的散养模式逐渐转变为集中饲养模式。但是，在集约化饲养模式下，人们对健康高效养殖肉羊认识不足、措施不力，致使肉羊生产过程中仍存在一些安全隐患，如兽药使用不当、饲料中使用违禁添加剂等，从而影响羊肉产品的质量安全，逐渐成为社会关注的焦点。因此，在肉羊养殖总量增加的同时，社会迫切需要提高生产的质量安全水平。健康高效养殖成为当前肉羊产业发展的当务之急。

肉羊健康高效养殖是一项系统工程，包括环境调控、遗传育种、饲料营养、养殖技术、疾病防治等方面。通过实施健康高效养殖，既可以获得安全、生态、优质的羊肉产品，又可以获得显著的经济效益、社会效益和生态效益。全面掌握肉羊健康高效养殖支撑技术和相关条件，已成为保障肉羊产业可持续发展的关键环节。

针对我国目前养羊场经营管理模式落后、养殖场户对相关知识技术了解掌握不足、养殖技术人员缺乏、基础环节薄弱等问题，编者根据肉羊的生物学特性、种质特性、繁殖性能及不同生理和生产阶段的营养需要，借鉴肉羊生产中取得的新成果、新进展，将健康高效养殖的理念和相关技术组装配套，形成一个技术体系，并整理成册。内容包括肉羊品种、羊场建设与环境控制、肉羊营养与饲料、肉羊饲养管理、肉羊育肥技术、肉羊繁育技术、肉羊常见疾病防治技术及国内肉羊产业发展典型案例等。本书力求内容丰富、技术实用、可操作性强。本书可供基层畜牧兽医科技人员、养羊企业和养羊从业人员参考。本书旨在向人们普及和推广健康高效养羊的新技术和新方法，以期提高规模养羊的技术水平，适应现代肉羊生产尤其是肥羔生产发展的需要，从而加快肉羊产业化发展进程。

本书编写过程中得到了山东省现代农业产业技术体系羊创新团队和临沂大学农林科学学院的大力支持，并参考和引用了一些专家的文献资料，在此一并表示感谢。

由于编者的水平所限，书中不妥之处在所难免，恳请广大读者批评指正。

编　者

2020 年 12 月

目　　录

产业篇

技术篇

案例篇

产业篇

第一章　肉羊养殖产业概况

第一节　发展肉羊养殖的意义

随着社会发展和人们生活水平的不断提高，为适应市场变化的需要，羊产业结构在不断地调整优化。特别是近年来，世界养羊业比较发达国家的羊的品种结构相继由“以毛为主”逐步向“以肉为主”方向转化。我国养羊业的发展趋势也是如此。肉羊产业（含一部分绵羊，大部分山羊）成为一项重要产业。改革开放 40 多年来，中国羊业的发展日益加快，正在成长为畜牧业之中的一个“朝阳产业”。特别是“粮改饲”以及节粮型畜牧业发展战略的提出，使我国现代集约化养羊生产有了较大的发展。且近 20 年来，肉羊养殖不仅在数量上持续增加，其规模化、现代化程度也在逐步提高。在广大的农村和老少边穷地区，可以充分利用草场、荒山、滩涂、河边、地头等养羊，为农民脱贫致富、实现乡村振兴贡献力量。

肉羊产业在我国国民经济和人民生活中具有重要意义。

一、实现乡村振兴的重要手段

在供给侧改革、乡村振兴政策的推动下，我国肉羊产业迎来了新的发展机遇。肉羊产业的发展目标是既能满足我国居民增长的高品质消费需求，又能发挥其在乡村振兴中的重要作用，并为我国农业竞争力的提高做出贡献。

肉羊产业发展是推进农业现代化的必然要求。畜牧业在农业产值中比重的大小，是现代农业发展程度的重要标志，加快发展现代肉羊产业，不仅可以调整优化农业结构，促进种植业以及相关产业发展，而且可以充分利用当地的资源，实现资源化的合理回收利用。当前我国正处在种植业转型升级、加快发展的阶段，迫切需要畜牧业同步跟进，以实现农业现代化的整体推进。

二、提供生活资料、助力脱贫攻坚

羊肉是我国城乡居民重要的“菜篮子”产品之一。随着国内城乡居民收入水平的不断提高及其生活水平的改善，其肉类饮食消费观念逐步转变，国内人均羊肉消费量持续增长。根据国家统计局公布的数据，2000—2018 年，我国人均羊肉消费量自 0. 88 kg/年增长至 1. 56 kg/年，年均增长率为 4. 40%。以此年均增长率进行测算，2020 年我国人均羊肉消费将增加至 1. 78 kg/年。我国改革开放 40 余年，全国人民生活水平有了明显提高，社会即将进入“吃健康”的时代。羊肉市场将会越来越扩张，需求将会越来越旺盛。这些有力地促进了羊产业发展，增加了农民收入。

现代肉羊产业发展，是促进农民增收致富的重要途径。畜牧业是典型的劳动密集型产业，发展养羊业，不仅可以引导农民通过发展养殖业就地就业，增加收入，而且可以促进粮食、秸秆转化，繁荣地方经济。全国很多地方，均把发展肉羊产业作为助推精准脱贫的有效抓手，如按照“龙头企业+联合社+合作社+农户”为主的肉羊产业发展模式，建立了从良种扩繁、杂交生产、屠宰加工到终端销售为一体的肉羊全产业链，使更多的贫困户加入肉羊产业发展中，让更多农村沉睡的资源变成活资产，更快地推动精准脱贫进程。

三、提高资源化利用效率，促进生态振兴

结合国家战略，肉羊产业符合“全链条、全循环、高质量、高效益”的现代畜牧业产业体系发展新理念，能够实现资源循环

利用。这主要体现在以下几点。一是围绕“秸草种植—规模化养殖—屠宰加工—冷链物流”，适合构建以优质羊肉产品为主导、增值能力强、盈利水平高的养殖加工物流产业链条，提升产业化发展水平。二是围绕“植物生产—动物转化—微生物还原”，提高农作物秸秆饲料化利用率，可大力发展有机肥生产和毛皮骨血等副产品深加工，构建资源全方位综合利用、生态效益突出的资源循环利用产业链条，提升生态循环发展水平。三是以产业化集群为单元，按照肉羊养殖规模配套流转饲料用地，大力推广“粮、经、饲”三元种植模式，根据不同地理区位，大力发展优质牧草规模化种植，在平原农区，适宜大力推进秸秆青贮、氨化、微贮等饲料化处理利用基础设施建设。充分利用农作物秸秆加工技术，将作物秸秆转化为优质的动物蛋白。

第二节　我国肉羊养殖现状与发展方向

一、我国肉羊养殖现状和问题

（一）羊的发展历史

绵羊是最早被驯化的物种之一，有证据表明，早在公元前 9000 年，伊拉克就有家养绵羊出现。而在公元前 3000 年的西亚地区，养殖绵羊已经很普遍了。绵羊的早期驯养最初可能在人与羊之间经历过一系列意想不到的联系。驯养的最初阶段是以松散联盟的形式出现的，如通过共用水源。绵羊早期的规模化养殖不外乎牧民对动物的集中放牧，这使得绵羊的自然行为和栖息地利用受限于人。早期的农业生产和作物种植使得绵羊能够在夜间圈养，从而受到保护，避免被天敌侵害。

（二）我国肉羊养殖现状

肉羊是适应外界环境能力最强的家畜之一，能适应潮湿、炎热、干旱、寒冷等极端环境条件，无论是高山，还是平原，也无论是内陆，还是沿海，羊都可以顽强地生存下去。羊食性广、耐粗饲、抗逆性强，能充分利用天然草地牧草、农作物秸秆、农副加工产品，饲养肉羊投资少、周转快、效益稳、回报率高，既可以大规模投资，也可以小规模养殖，尤其是边远山区，牧草资源丰富，适宜大力发展肉羊养殖。我国幅员辽阔，有大量的草山草坡，有5 000多种天然牧草，每年还产生大量农作物秸秆，利用这些资源发展养羊业，符合中国的国情，也符合广大农牧民的需求。

改革开放以来，虽然全国羊肉产量大幅增加，但羊肉在肉类生产中仍然只占4%左右，全国人均占有羊肉量仅为1. 19 kg，均低于世界平均水平。我国绵羊、山羊品种资源丰富，仅列入2011年《中国畜禽遗传资源志·羊志》的地方绵羊品种就有42个，培育品种21个；山羊品种58个，培育品种8个。同时也引进了国外优良品种，特别是最近20年来，重点引进了无角陶赛特、萨福克、夏洛莱、考力代、特色赛尔、杜波和波尔山羊等优质肉羊品种，大大提高了我国绵、山羊的产肉性能，丰富了品种资源，有力促进了我国羊产业的发展，使我国养羊产业生产水平得到显著提高。

随着市场需求的持续旺盛，养羊业快速发展的同时，我国养羊场建设与场地规划布局都有了长足的进步，并且日趋完善。肉羊生产在牧区、农区和半农半牧区均有饲养，同时也有一些新的特点：第一，主要产区从牧区开始向农区转移；第二，养殖方式逐步由放牧转为舍饲和半舍饲；第三，千家万户的分散饲养模式逐渐转向相对集中、规模化饲养。

2019年我国羊产业发展速度加快，全国各地区规模化企业布局加快，市场活跃度持续上升，活羊和羊肉产品市场价格呈现持续上涨趋势，特别是非洲猪瘟疫情影响，使羊产品替代消费、产业关注度与投资热情增加。2019年行业和企业发展主要表现为以下几个特点：规模化企业发展模式趋稳成熟；不同地区养殖模式逐渐形成；机械化水平普遍提高；智能化养殖设备走入规模化养殖企业；规模化养殖比重持续上升；羊产业扶贫政策拉动强劲；企业对产业链发展适度延伸；品牌化意识逐渐形成；新型销售渠道逐渐打开。我国羊产业进入新的发展阶段。

（三）肉羊养殖存在的问题

虽然肉羊产业经过最近 20 年的快速发展，生产水平有了显著的提高，但我国肉羊产业发展仍然面临一些问题，主要表现在以下几个方面。

第一，目前仍缺乏成熟的、能复制的、可推广的肉羊生产模式。比如针对性的牧区、农区、半农半牧区的肉羊生产经营模式，特别是当前的肉羊良种繁育体系不健全，优质种羊利用率低，品种改良进程相对较慢，对地方肉羊原种场、保种场、核心育种场、繁育场建设的扶持力度不够，育种企业和种羊场难以维系。

第二，缺乏专业的人才队伍，养殖科技化水平低。随着规模化、标准化、现代化养殖水平的不断发展，许多规模养殖场（户）在生产、经营、管理、销售等各个环节普遍缺乏专业化管理人才和技术人才。同时，乡镇一级的防疫人员结构不合理，老龄化严重，工资待遇低，知识技能更新慢。

第三，标准化生产水平有待进一步提高。由于缺乏相关标准，养殖户在羊场建设、饲养管理、日粮搭配、疫病防治、品种改良等方面经营粗放、条件简陋，与标准化生产、产业化经营差距较大，不仅浪费了有限的资源，也制约了养殖效益的提高。

第四，产业发展过程中的农企利益联结、分配机制不健全，羊肉产品同质化严重，大多数仍然停留在粗加工阶段。长期以来，由于缺乏统一的生产技术标准、生产加工标准，导致屠宰加工羊肉产品差异化程度低，深加工程度低，特色产品开发不够，缺乏具有企业自主知识产权支撑的标准化产品和高附加值产品，还没有形成消费市场认可的知名品牌。

第五，政府扶持力度不足，肉羊发展资金短缺。普通养殖户因草场、土地、房屋、地上建筑物和动物不能抵押，自有资金能力不足，不敢盲目扩大生产。大型养殖龙头企业因土地、规模、市场以及经营管理等方面的因素，自身发展不完善，管理机制不明确，无法引领更多的普通养殖户，也无法解决养殖户的信贷需求。这种“龙头企业缺钱、普通散养户资金缺乏”的局面，严重制约着肉羊产业的快速健康发展。

第六，动物疫病防控和监测体系有待进一步完善。当前，部分养殖场要实现养殖数量的扩张，需要依靠“买全国、卖全国”，这就有可能导致传染病的引入，或者交叉感染带来的一些疾病，特别是当前的布鲁氏菌病，一些羊场发现后不立刻做净化导致传染范围扩大。另外，一些地区小反刍兽疫、胸膜性肺炎、羊口疮等疫病呈逐年上升的势头，严重影响了肉羊产业的健康发展。

第七，科学研究滞后生产。科学研究和生产技术仍然部分存在两张皮的现象。一部分科研人员埋头实验室做试验、发论文，但实际生产上的理论、技术并没有重大突破。即使有一些成熟的技术，但由于人才的匮乏，在推广应用上仍存在较大差距。就目前来看，围绕羊相关的研究如新品种的系统培育、系统的杂交技术体系、繁育技术体系、可复制和推广的肉羊养殖模式等明显滞后，没有发挥理论先行、科技先导的重要支撑作用。

（四）解决方案

针对这些问题，专家们也都提出了自己的建议。

第一，加快优质种羊繁育体系建设。有关行政管理部门、科研单位应安排专项资金集中用于种畜场建设，强化优质种畜的纯繁和提高供种能力，形成比较有竞争力的肉羊种业。鼓励开展“育种企业+繁育户”的以场带户、场户联营方式，形成企业自主知识产权的肉羊配套品系。有专家调研后认为应从三个方面健全繁育体系：首先加快舍饲肉羊（绵羊和山羊）新品种（系）选育，特别强调多羔性和舍饲性。其次，开展引进品种持续选育，特别对波尔山羊、努比山羊进行选育。最后，应用同期发情、人工授精等技术推进良种扩繁。加快规模化肥羔生产技术的示范推广。

第二，强化技术人才队伍建设和新技术推广工作。积极探索新型职业农牧民培训模式，持续注重培养一支有文化、懂技术、会经营的新型职业农牧民队伍。同时，鼓励和支持相关行业高校毕业生返乡创新创业，充分利用大学生年轻、有朝气、有活力、敢闯、敢干、敢试以及在电子商务和“互联网+”方面的绝对优势，创新生产经营与销售新模式。

第三，加大肉羊养殖标准化示范场创建力度。政府管理部门、科教单位、行业学会、协会和民间组织应有计划、有组织、有目标、分层次、分区域布局创建示范场。同时，加强示范场监督管理，引导发挥示范场辐射带动、引领示范、推广复制作用。

第四，完善企业与养殖户的利益联结机制，加强产业化经营，促进利润合理分配。在养殖方面，从业者通过组建合作社、公司+农户等多种形式，共同参与市场竞争，增强竞争力。在加工方面，鼓励养羊企业与加工企业联营、合作，共享加工链上的红利。屠宰加工企业要向精深方向和品牌化方向发展，增加产品的附加值，以此提高加工效益。

第五，政府要制定适当的政策，在品种引进、圈舍建设、设施（备）配备、粪污资源化利用、品牌建设和网络营销上加大投资力度。当前，既要保证牧草的休养生息、恢复和保持生态环境，又要合理利用牧草资源，保障草地草质不退化。在资金方面，相关部门应整合项目资金，形成合力，建立多元化投资机制，完善投融资平台建设等。

第六，通过政府财政补贴保费资金、保险公司承保理赔、鼓励养殖者积极投保的方式，构建完善风险保障，逐步完善肉羊养殖保险机制。

第七，在疫病防控上，要树立保健重于预防、预防重于治疗的思想，摸清当地传染病的流行情况，制定并执行科学的免疫程序，严防传染病的发生。与此同时，兼顾普通病和代谢病的防治。健全和完善基层动物疫病防控和检测监督机构，特别是要解决检测实验室软硬件配备不足导致的疫病检测工作受到限制的问题。

二、我国肉羊养殖发展方向

对于未来几年我国肉羊的发展形势，全国畜牧总站行业统计分析处的专家认为，长期来看，随着我国居民收入水平的大幅提高，居民肉类消费结构已进入升级转变阶段，牛羊肉消费由少数民族为主转变为全民性消费，由区域性消费转变为全国性消费，由季节性消费转变为全年性消费，牛羊肉消费量及占比会进一步增加。

目前，我国的养羊业正处在一个重要的战略转型期，即绵羊、山羊品种结构从毛、绒用羊为主转向肉用羊为主，羊肉生产结构由成年羊肉转向羔羊肉，饲养方式由粗放式经营逐渐转向集约化、商业化。此外，转型期间养羊业各环节正在悄悄地发生着转变。这些转变对加快养羊业调整结构、转型升级，提升养殖水平，提高养殖效益，促进供给侧结构改革作用巨大，主要体现在以下方面。

（一）养殖观念

随着肉羊产业的持续发展，养羊将逐步摆脱家庭副业的地位，逐渐转变为农村经济的重要产业，成为当地农民经济收入的主要来源和增收的新途径。越来越多的青年专业人才将加入这一行业，推动养羊业快速发展。特别是随着科技的进步，规模化、标准化现代化程度的提高，新技术、新产品的推广和应用，养羊企业对管理、生产人员提出了新的要求，专业化、高素质的技术人员成为企业生产和管理的主流。

（二）养殖品种

随着养羊业的快速发展，对饲养品种的认识和利用上发生了巨大的变化。一是逐步加强对适应性广、抗病力强、繁殖性能好的地方优良品种采取保护措施，并不断进行选种选育，二是利用当地肉羊品种为母本，从国内外引进在当地适应性强、产肉性能好、生长速度快，饲料报酬高的优秀种公羊对本地品种进行杂交改良，采用杂交优势生产商品羊。

（三）养殖区域

目前来看，牧区、半农半牧区仍是我国养羊的重点区域，但同时应该看到，养羊业逐步向自然条件好、饲草料资源丰富的农区发展。农区有充足的秸秆资源及粮食下脚料、工业副产品，配合肉羊饲草料的开发、加工、配制及饲喂方法等配套技术，保证了优质饲草料的充分供给。同时，达到了秸秆过腹还田、农牧有机结合、副产品资源化开发利用的目的，提高了农区单位面积综合效益，也符合国家倡导的规模化、现代化、标准化的产业发展方向。

（四）养殖模式

以前我国养羊一般是放牧、放牧+补饲、舍饲三种模式。随着产业发展，全舍饲模式将越来越受到养殖企业和养殖户的欢迎，目前已在部分地区广泛开展，其最大优势是可充分利用农区大量的秸秆饲料资源，提供稳定可靠的饲草来源，同时提高农作物的利用率，保护生态环境。同时，舍饲条件对标准化生产也提供了便利，比如分圈饲养、集体防疫、同期发情、集中配种、集中断奶、标准化生产羔羊肉等等。但相对于放牧，也存在人工成本高、饲草价格逐年上涨等问题。未来，标准化、规模化、现代化（智能化）舍饲养殖将是产业发展的主要模式。

（五）养殖规模

过去，我国养羊业以零星散养为主，存在规模小、投入不足等诸多问题。这主要表现在以下方面。一是管理粗放，营养不足或不全面、不平衡，羊生长速度缓慢，易引发疫病；二是许多现代技术不能推广应用，效率不高，养殖效益差；三是难以形成批量商品，难以形成标准化产品。近年来，随着养羊产业的逐渐发展，适度规模的集约化、规模化养羊模式取得了很大进展。来自中国畜牧业协会养羊分会的统计表明，2014—2018 年，500 只以下的规模羊场从 2014 年的 87. 1%下降到 2018 年的 84. 5%；同期 500~1 000 只的规模羊场则从 12. 9%上升到 15. 5%；1 000 只以上的规模化羊场从

6.5%上升到9.6%。这些数据表明，规模化养殖仍然是以后的发展方向。规模化有利于保障市场羊产品的有效供给、食品安全、疫病防控和养羊集成技术的充分发挥，提升养殖效益。

（六）疫病防控

在传统养羊的意识中，羊不生病或者生病了简单治疗即可恢复，很少发生重大传染病，羊的疫病防控没有引起足够重视。但随着养羊进入放牧+补饲或全舍饲时代，群体数量增加、养殖密度增加，羊的发病率也不断上升。从业者开始注重羊的疫病防控，由治疗向预防+治疗转变，即按当地疫病流行情况制定免疫程序来接种疫苗，增加羊的免疫力，减少疫病发生。

（七）产品加工

肉羊产品主要是羊肉，过去，羊肉多以胴体或卷肉的形式投放市场。随着我国城镇化进程加快、居民收入水平的大幅提高以及居民肉类消费结构升级，产品已经不能满足不同层次城市居民的需求，这就迫使多数旧式肉类加工企业改造升级，进行高标准建设，生产符合国际标准的优质高档羊肉以及优化产品的加工工艺流程，逐步实现简单屠宰加工向精深细加工转变，产品更加多样化。一是品种分类，出现了羔羊肉、成羊肉、后腿肉、羊排、羊蝎子、羊棒骨、龙骨、环骨等产品；二是重量分级，以1 kg、2 kg、2.5 kg、5 kg不等，在产品数量上满足不同群体需求；三是注重包装，包装设置多样化，各种礼品盒应运而生；四是副产品开发，对羊副产品精细加工，备受消费者青睐，且价格不菲。五是品牌效应，多数加工企业开始树立自己品牌，注册商标，提升价值，实现利润最大化。

（八）科学技术

养羊业的发展，离不开科技的支撑。当前养殖企业越来越注重科技的应用与推广。在全舍饲条件下，羔羊早期断奶和培育、母羊的同期发情、人工授精、胚胎移植技术、公羊的冷冻精液保存等均已在规模化羊场得到良好的推广应用。尤其是品种的杂交改良，充分利用国外父本公羊体型大、生长速度快、屠宰率高等优点，与国内优良地方母羊品种开展杂交育种搞好引种并加强对引进良种的应用，对于促进杂交肉羊生产的发展具有特殊的意义。

第三节　世界肉羊养殖现状与发展方向

20 世纪 80 年代中期以来，世界养羊业开始向多级化方向发展。羊产业生产结构也在不断调整。世界羊肉市场近 30 年来一直是供求两旺态势。这是由于羊肉属于较为高端的动物蛋白产品，其蛋白质含量高于猪肉，脂肪含量低，钙、磷、铁等矿物质明显高于猪肉、鸡肉，是理想的绿色动物蛋白来源。目前，肉羊已成为世界畜牧业发展的重要组成部分。许多国家羊肉生产从数量型增长转向质量型增长，越来越注重生产瘦肉量高、屠宰率高、生长发育快、脂肪含量低的产品。

最近 30 年以来，肉羊产业育种的主要目标集中在追求母羊性成熟早、全年发情、产羔率高、泌乳力强、羔羊生长发育快、饲料报酬高、肉用性能好等方面。同时，选择体大、早熟、多胎和肉用性能好的亲本广泛开展经济杂交。统计表明，经济杂交对肉羊产业发展贡献了重要力量。由于国际市场羊肉需求量逐年增加，促使专家、学者们致力于肉羊生产技术的研究，近年来，肉羊生产出现了一些新的技术特点，羔羊肉的生产在羊肉生产中占据着极为重要的地位。肉羊养殖主要呈现以下特点。

一、肥羔生产

羔羊肉以其比成年羊肉更鲜、更嫩的特点，在国际市场上广受欢迎，一些羊肉输出国也主要出口羔羊肉。如法国羔羊肉占羊肉总产量的 75%，澳大利亚占 70%，英国和美国占 94%，新西兰占 80%。羊肉生产以羔羊肉为主，原因是羔羊时期在其一生中生长最快，而沉积的主要是蛋白质，能够提高饲料报酬。另外，肥羔生产一般在 3~6 月龄即可屠宰，生产企业短期内获得经济效益，提高出栏率，同时又可相对提高母羊的比例。美、英、法、澳等国使用的大型肉用品种有萨福克、汉普夏、陶赛特和夏洛莱等品种。羔羊的胴体重，在具体生产过程中，各个国家的要求不尽相同，也有根据需求国标准进行生产，一般控制在 25 kg 以内。肥羔胴体品质顺应市场需要，已经成为国外肉羊生产的总趋势。

二、经济杂交

广泛开展经济杂交，尤其是多元杂交，充分利用杂种优势，生产杂种肉用羔羊是当前肉羊生产的主要趋势。实践证明，根据本国情况选择成熟早、生长快、体型大的羊为父系品种，选择分布广泛、繁殖力高、母性好、适应力强的本地品种作为母系品种，建立经济杂交模式，可以生产出综合性能高的羔羊，取得较好的经济效益。澳大利亚华人常党生，研究了 5 种配种方案：纯繁；两纯种杂交；利用父本杂种优势；纯种公羊与杂种母羊，这是澳大利亚肥羔生产的标准化配种方案；杂一代公羊与杂一代母羊。结果发现，生产 100 t 断奶肥羔所需配种母羊数，5 个方案依次为 1 万只以上、9 300 只、7 200 只、6 300 只、6 000 只，6 000 只方案效果最好，仅需 6 000 只左右，原因是最大限度地利用了一切来源的杂种优势。

三、繁殖技术

广泛利用现代繁殖新技术，促使绵羊产羔同期化、多胎化和肥羔生产的批量化。现代人工繁殖技术，近 20 年来已广泛应用于肉羊生产。首先是应用诱导开展同期发情技术，然后利用超声波技术对妊娠母羊群进行大范围检测，根据检测情况，没有怀孕的羊只及时分群进行处理，怀两羔、三羔以上的羊只实行分群，提供更为优越的环境条件。并且根据生产记录，及时淘汰一部分不适合繁殖的母羊，提高繁殖力。同期发情后配合使用人工授精技术、内窥镜输精技术，进一步减少了公羊饲养、提高了优秀种公羊的利用效率。

第二章　肉用绵羊、山羊品种

第一节　肉用绵羊品种

一、杜泊羊

1. 产地与分布

杜泊羊原产南非，现分布于澳大利亚、美国等地。

2. 育成简史

杜泊羊是20世纪初由有角陶赛特羊与波斯里羊杂交育成的肉用羊品种，是世界著名的肉用羊品种。杜泊羊分长毛型和短毛型。长毛型羊生产地毯毛，较适应寒冷的气候条件；短毛型羊毛短，被毛没有纺织价值，但能较好地抗炎热和雨淋。大多数南非人喜欢饲养短毛型杜泊羊，因而现在该品种的选育方向主要是短毛型。

3. 品种特性

根据其头颈的颜色，分为白头杜泊羊和黑头杜泊羊两种。这两种羊体躯和四肢皆为白色，头顶部平直、长度适中，额宽，鼻梁微隆，无角或有小角根，耳小而平直。颈粗短，肩宽厚，背平直，肋骨拱圆，前胸丰满，后躯肌肉发达。四肢强健而长度适中，肢势标准。整个身体犹如一驾高大的马车。杜泊羊身体结实，适应炎热、干旱、潮湿、寒冷等多种气候条件，无论在粗放和集约放牧条件下，采食性能良好。杜泊羊的繁殖表现主要取决于营养和管理水平。因此，在年度间、种群间和地区之间差异较大。正常情况下，产羔率为140%，其中产单羔母羊占61%，产双羔母羊占30%，产三羔母羊占 4%。但在良好的饲养管理条件下，可两年产三胎，产羔率 180%。母羊泌乳力强，护羔性好。

4. 生产性能

杜泊羊早熟，生长发育快，100 日龄公羔体重 34. 72 kg，母羔 31. 29 kg；成年公羊体重 100~110 kg，成年母羊 75~90 kg；1 岁公羊体高 72. 7 cm，3 岁公羊 75. 3 cm。

5. 利用情况

世界上有不少国家将其作为肉用羊引进，我国于 2001 年 5 月将其首次引进山东省东营市，目前山东、河南、辽宁和北京等地近年来已有引进和养殖。

二、无角陶赛特羊

1. 产地与分布

无角陶赛特羊原产于英国，1897 年引入新西兰，一直用作生产比较理想的肉羔终端杂交父系品种；后又引入澳大利亚，育成无角陶赛特品种，现分布于各大洲。

2. 育成简史

有角陶赛特羊，饲养管理不方便，因此，澳大利亚首先育成了无角陶赛特羊。新西兰在育成无角陶赛特羊方面，与澳大利亚在方法上有所不同，但也育成了纯合无角陶赛特品种。

3. 品种特性

无角陶赛特羊体质结实，头短而宽，公、母羊均无角，颈短粗，胸宽深，背腰平直，后躯丰满，四肢粗短，整个躯体呈圆桶状，面部、四肢及被毛为白色，但具有粉红色皮肤，尤其是头部，蹄壳为浅色。

4. 生产性能

无角陶赛特羊生长发育快，早熟，全年发情配种产羔。该品种成年公羊体重 90~110 kg，成年母羊为 65~75 kg。产羔率 137%~175%。经过肥育的 4 月龄羔羊的胴体重，公羔为 22 kg，母羔为

19. 7 kg。在新西兰，该品种羊用作生产反季节羊肉的专门化品种。

5. 利用情况

我国新疆（新疆维吾尔自治区简称，全书同）、内蒙古（内蒙古自治区简称，全书同）、北京、江苏、甘肃和山西等地已先后引入，与当地羊杂交改良效果显著。

三、萨福克羊

1. 产地与分布

萨福克羊原产于英国英格兰东南部的萨福克、诺福克、剑桥和艾塞克斯等地。现分布于北美、北欧、澳大利亚、新西兰、俄罗斯等地。20 世纪 70 年代起我国先后从澳大利亚引进，主要分布在内蒙古和新疆等地；20 世纪 90 年代末，内蒙古地区和中国农业科学院畜牧研究所（现中国农业科学院北京畜牧兽医研究所）相继引进萨福克羊。

2. 育成简史

萨福克羊是以南丘羊为父本，当地体型较大、瘦肉率高的旧型黑头有角诺主克羊为母本进行杂交培育，于 1859 年育成，属大型肉羊品种。

3. 外形与品种特性

萨福克羊公母均无角，体躯白色，头和四肢黑色，体质结实，结构匀称，头重，鼻梁隆起，耳大，颈长而宽厚，鬐甲宽平，胸宽，背腰宽广平直，腹大紧凑，肋骨开张良好，四肢健壮，蹄质结实，体躯肌肉丰满，呈长筒状，前、后躯发达。

萨福克羊的特点是早熟，生长发育快，成年公羊体重 100~136 kg，成年母羊 70~96 kg。产羔率 141. 7%~157. 7%。产肉性能好，经肥育的 4 月龄公羔胴体重 24. 2 kg，4 月龄母羔为 19. 7 kg，并且瘦肉率高，是生产大胴体和优质羔羊肉的理想品种。美国、英国、澳大利亚等国都将该品种作为生产肉羔的终端父本品种。

4. 生产性能

宁夏农林科学院畜牧兽医研究所从新西兰引进的萨福克羊测定

结果如下。体重周岁公羊（114.2±6.0）kg，周岁母羊 74.8 kg；2 岁公羊 129.2 kg；2 岁母羊 91.2 kg。公、母羊 4～5 月龄即有性行为，7 月龄性成熟，通常情况下，母羊 10～12 月龄初配。公、母羊全年发情，第一胎产羔率 163.3%，2 岁以后产羔率 170%以上。萨福克公、母羔羊 4 月龄平均体重 47.7 kg，胴体重 24.2 kg，屠宰率 50.7%；7 月龄公、母羔羊平均体重 70.4 kg，胴体重 38.7 kg，屠宰率 55%。萨福克羔羊肉质细嫩，肉脂相间，肌肉横断面呈大理石状，肉味鲜美。

5. 利用情况

萨福克羊是目前世界上最大型的肉用羊，北美洲饲养的成年公羊体重 185～186 kg。品种特征明显，体格外貌整齐，生长发育良好，肉用体型明显，繁殖率、产肉率高，被各引入国作为肉羊生产体系的终端父本。我国已多次引入，应健全种羊繁育体系，并提供促使其遗传潜力充分发挥的必要条件，发挥在我国肉羊体系建设中的突出作用。

四、特克塞尔羊

1. 产地与分布

原产于荷兰，现分布于北欧各国、澳大利亚、新西兰、美国、秘鲁和非洲一些国家。

2. 育成简史

19 世纪中叶，用林肯羊、莱斯特羊与荷兰沿海低湿地区晚熟，但毛质好的马尔盛夫羊杂交，经长期选择培育而成。20 世纪 60 年代初法国曾赠送给我国一对特克塞尔羊，饲养在当时的中国农业科学院畜牧研究所（现中国农业科学院北京畜牧兽医研究所），1996 年该所又引入少量该品种；1995 年黑龙江大山种羊场引进特克塞尔公羊 10 只，母羊 50 只；1999 年宁夏农林科学院畜牧兽医研究所从新西兰引进该品种，公羊 5 只，母羊 47 只，饲养在宁夏（宁夏回族自治区简称，全书同）肉用种羊场。

3. 品种特性

该品种公母羊均无角，全身毛白色，鼻镜、唇及蹄冠褐色。体质结实，结构匀称、协调。头清秀无长毛，鼻梁平直而宽，眼大有神，口方，耳中等大，肩宽深，鬐甲宽平，胸拱圆，颈宽深，头、颈、肩结合良好，背腰宽广平直，肋骨开张良好，腹大而紧凑，臀宽深，前躯丰满，后躯发达，体躯肌肉附着良好，四肢健壮，蹄质结实。

4. 生产性能

特克塞尔羊体重周岁公羊 78.6 kg，周岁母羊 66 kg；2 岁公羊 98 kg，2 岁母羊 74 kg；成年公羊 115~130 kg，成年母羊 75~80 kg。

公、母羔羊 4~5 月龄即有性行为，7 月龄性成熟，正常情况下，母羊 10~12 月龄初配，全年发情。在最适宜的条件下，120 日龄羔羊体重 40 kg，6~7 月龄达 50~60 kg，屠宰率 56%~60%，特克塞尔公羊胴体中肌肉量很高，分割率也很高。其眼肌面积在肉用品种中是很突出的。特克塞尔羊的肉呈大理石状，无膻味，肉质细嫩。

5. 利用情况

特克塞尔羊属于中等偏大的肉羊品种，具有繁殖率高、早期生长发育快、肉质好、对寒冷气候有良好的适应性、瘦肉率高等特点。特克塞尔羊对热应激反应较强，在气温 30℃ 以上需采取必要的防暑措施，避免高温造成损失。

五、德国美利奴羊

1. 产地与分布

原产于德国，主要分布在萨克森州农区。

2. 育成简史

德国美利奴羊是用泊列考斯羊和英国莱斯特公羊与德国原有的美利奴羊杂交培育而成，为毛肉兼用美利奴羊品种，该品种在俄罗斯和东欧等地分布较多。

3. 品种特性

德国美利奴羊特点是体格大，成熟早，胸宽深，背腰平直，肌肉丰满，后躯发育良好，公、母羊均无角。该品种对干燥气候，降水很少的地区有良好的适应能力且耐粗饲。

4. 生产性能

体重成年公羊 90~100 kg，成年母羊 60~65 kg。剪毛量成年公羊 10~11 kg，成年母羊 4.5~17.5 kg。产羔率 140%~175%。德国美利奴羊生长发育快、早熟，6 月龄羔羊体重可达 40~45 kg，胴体重 19~23 kg，屠宰率 47%~51%。

5. 利用情况

我国在 20 世纪 50 年代末至 60 年代初由前德意志民主共和国引入 1 000 余只，分别饲养在辽宁、内蒙古、山西、河北、山东、安徽、江苏、河南、陕西、甘肃、青海、云南等省份。但据各地反映，各场纯种繁殖后代中，公羊的隐睾率比较高。杂种后代的羊毛品质明显改善，肉用型个体的比例较高，杂种羊的生长发育也比较快。对这一品种资源要充分利用，可用于改良农区、半农半牧区的粗毛羊或细杂母羊，增加羊肉产量，是最值得大力推广和利用的品种之一。

六、巴美肉羊

1. 品种来源

巴美肉羊是根据内蒙古自治区巴彦淖尔市自然条件、社会经济基础和市场发展需求，经过广大畜牧科技人员和农牧民 40 多年的不懈努力和精心培育而成的体型外貌一致、遗传性能稳定的肉羊新品种。本品种于 2007 年 5 月 15 日通过国家畜禽资源委员会审定验收，并正式命名，巴美肉羊是我国具有自主知识产权的品种，是国内第一个肉羊杂交育成品种。巴美肉羊新品种的培育为促进当地肉羊产业和社会经济的发展起到了巨大的推动作用。为肉羊产业发展提供了充足的种源。

2. 品种特性

该品种体格较大，无角，早熟；体质结实，结构匀称，胸宽而深，背腰平直，四肢结实，后肢健壮，肌肉丰满，呈圆桶形，肉用体形明显；被毛同质白色，闭合良好，密度适中，细度均匀；肉毛兼用品种，具有适合舍饲圈养、耐粗饲、抗逆性强、适应性好、羔羊育肥增重快、性成熟早等特点。

3. 生长性能

生长发育速度较快，产肉性能高，成年公羊平均体重101.2 kg，成年母羊体重71.2 kg，育成母羊平均体重50.8 kg，育成公羊71.2 kg，羔羊初生重平均4.32~4.7 kg。

4. 利用情况

巴美肉羊的育成填补了内蒙古自治区没有自己肉羊品种的空白，也为周边地区肉羊产业发展提供了充足的种源，近年来为辽宁、山东、宁夏、新疆等8个省份及内蒙古自治区的兴安盟、通辽市、鄂尔多斯市等地累计提供巴美肉羊种公羊5 300只，不仅提高了巴美肉羊的知名度而且产生了显著的经济效益和社会效益。

七、湖羊

1. 产地与分布

湖羊是中国特有的羔皮用绵羊品种，湖羊主要分布于江苏省的吴江、常熟、无锡、江阴、太仓、昆山、溧阳等市（县）。

2. 育成简史

湖羊来源于北方蒙古羊，南宋时期随北方移民南下带入太湖地区饲养、繁衍。该地区自然地理条件优越，种植业和蚕桑业发达，绵羊在这种特定的生态环境中饲养，到明代已在体型外貌上与北方绵羊有了不同。经当地群众长期不断地选育，到清代已培育形成一种独特的羔皮用绵羊品种。

3. 品种特性

湖羊以生长快，成熟早，四季发情，多胎多产，以所产羔皮花纹美观而著称。其羔羊出生后1~2 d宰杀所获羔皮洁白光润，皮板轻柔，花纹呈波浪形、紧贴皮板、扑而不散，在国际市场上享有很高的声誉，有“软宝石”之称。

4. 生产性能

湖羊体重成年公羊（48.7±8.7）kg，成年母羊（36.5±5.3）kg。被毛异质，剪毛量成年公羊1.65 kg，成年母羊1.17 kg。屠宰率40%~50%。母羊产羔率228.9%。

八、小尾寒羊

1. 产地与分布

河北省南部，东部和东北部，山东省西南及皖北、苏北一带。

2. 育成简史

按尾型分类，小尾寒羊属短脂尾羊。随着时代推移，生长在草原的蒙古羊被带入中原地区饲养。在黄淮冲积平原，地势较低，土质肥沃，气候温和，是我国小麦、杂粮和经济作物的主要产区之一。小尾寒羊在这种优越的自然条件下，经过长期的人工选择与精心喂养培育而成。

3. 品种特性

小尾寒羊体形结构匀称，侧视略成正方形；鼻梁隆起，耳大下垂；短脂尾呈圆形，尾尖上翻，尾长不超过飞节；胸部宽深、肋骨开张，背腰平直。体躯长呈圆筒状；四肢高，健壮端正。公羊头大颈粗，有发达的螺旋形大角，角根粗硬；前躯发达，四肢粗壮，强悍、善抵斗。母羊头小颈长，大都有角，形状不一，有镰刀状、鹿角状、姜芽状等，极少数无角。全身被毛白色、异质、有少量干死毛，少数个体头部有色斑。

4. 生产性能

属短脂尾羊。具有繁殖力强、生长快、产肉性能好及遗传性稳定的优良特性。体质结实，身躯高大。成年公羊平均体重为94 kg，母羊平均体重为49 kg，周岁公羊体重可达到成年公羊的64.6%，周岁母羊体重可达成年母羊的84.9%。3月龄羊屠宰率为50.6%，周岁羊屠宰率为55.6%。产羔率为260%（以山东为例）。

第二节　肉用山羊品种

一、波尔山羊

1. 产地与分布

波尔山羊是南非共和国育成的一个优良肉用山羊品种。其血液较混杂，含有南非、埃及、欧洲和印度等国山羊的血统。在南非，波尔山羊主要分布在开普等 4 个省，大致可分为 5 个类型。

2. 育成简史

改良型波尔山羊是开普的波尔山羊育种者协会，经过对普通型山羊几十年的严格选择而培育成功并经注册的新类型，其总头数达到 120 万只左右。通常所说的波尔山羊就是指良种型波尔山羊。

3. 品种特性

良种型波尔山羊具有以下特性。体型外貌良好，头大额宽，鼻梁隆起，嘴阔，唇厚，颌骨结合良好，眼睛棕色，目光柔和，耳宽长下垂，角坚实而向后、向上弯曲；颈粗壮，长度适中；肩肥厚，颈肩结合好；胸平阔而丰满，鬐甲高平。体长与体高比例合适，肋骨开张良好。腹圆大而紧凑，背腰平直，后躯发达，尻宽长而不斜，臀部肥厚但轮廓可见。整个体躯呈圆桶状，四肢粗壮，长度适中。全身被毛短而有光泽，头部为浅褐色或深褐色，但有较明显的广流星，两耳毛色与头部一致，颈部以后的躯干和四肢各部均为白色。全身皮肤松软，弹性好，胸部和颈部有皱褶，公羊皱褶较多。该品种的外貌整体形象是公羊粗壮雄伟，母羊圆厚稳健。

4. 生产性能

（1）初生重大，生长快。羔羊初生重 3~4 kg，断奶前日增重可达 200 g 以上，6 月龄体重可达 30 kg。

（2）体格中等，体重大。成年公羊体高 75~90 cm，体重 90~130 kg；成年母羊体高 65~75 cm，体长 70~85 cm，体重 60~

90 kg。

（3）屠宰率和净肉率高。波尔山羊的屠宰率高于绵羊，但与年龄和膘情有一定关系。8~10 月龄时为 48%，1 周岁、2 周岁、3 周岁时分别为 50%、52%和 54%，4 岁时达到 56%~60%。成年羊的胴体肉骨比可达 4.7∶1。

（4）繁殖力高。平均产羔率为 160%~200%，母羊 3~4 周岁时繁殖力达到最高峰，平均每只羊可产 2.3 只，在良好的饲养管理和气温条件下，可年产两胎或两年产三胎。公、母羔羊 5~6 月龄时性成熟，但公羊应在周岁后正式用于配种，母羊的初配时间应为 8~10 月龄、体重达 30 kg 以上。

（5）性情温顺，适应性强。公、母羊性情均较温顺，群聚性强，能适应灌丛以及半荒漠等各类饲养管理条件，但极端高温（35℃以上）和低温（-20℃以下）条件对其生存和生长有一定影响。

5. 利用情况

对其他山羊品种改良效果好。该品种已被世界上许多国家引进，用于改良提高当地山羊的产肉性能，各杂交组合均表明出明显的改进效果，与普通低产山羊杂交，其杂种后代的生长速度可比母本提高 1 倍以上。因此，该品种被推荐为杂种肉山羊的终端父系品种。我国自 1995 年首次引进波尔山羊以来，其发展迅速，已遍及全国各地，对国内肉羊业的发展起到了积极的推动作用。

二、南江黄羊

1. 产地与分布

育种区饲养量达 6 万只左右，其主产区为四川省秦巴山区的南江县。产区境内山峦起伏，沟壑纵横，海拔 360~2 508 m，夏短冬长，年平均气温 16.2℃，极端高温 39.5℃，极端低温-7.1℃，年降水量为1 400 mm，相对湿度 78%。

2. 育成简史

南江黄羊是用成都麻羊和含努宾山羊基因的杂种公羊与当地山羊及金堂黑山羊杂交，并采用性状对比观测、限值留种继代、综合指数选种、分段选择培育以及品系繁育等方法培育成功的肉用型山羊新品种。

3. 品种特性

南江黄羊被毛呈黄褐色，羊毛色度在个体间略有差异。短而光亮的羊毛紧贴皮肤，冷季被毛内长出细短灰色绒毛。颜面毛呈黄黑色，鼻梁两侧有一对称性黄白色条纹，从头顶沿背脊至尾根有一条宽窄不等的黑色毛带。群体中有角个体占 61.5%，无角个体占 38.5%，角向上、向后、向外呈“八”字形，公、母羊均有髯。头大小适中，耳长直或微垂，公羊颈粗短，母羊颈较细长，颈肩结合良好。背腰平直，前胸深阔，尻部略斜，四肢粗长，蹄质坚实而呈黑黄色，体躯各部位结构紧凑。

4. 生产性能

该品种性成熟早，生长速度快。3 月龄时就有初情表现，但母羊的初配年龄应为 6~8 月龄，公羊应为周岁左右。产羔率为 200% 左右，公羔平均初生重 2.28 kg、母羔平均初生重 2.14 kg。2 月龄断奶时，公、母羔分别达到 11.5 kg 和 10.7 kg，日增重达 153.7 g 和 142.7 g。6 月龄左右出现出生后的第二个增重高峰，以后增重速度下降。公、母羔 6 月龄体重可分别达到 26.58 kg 和 20.51 kg，周岁时达到 34.43 kg 和 27.3 kg，成年时达到 60.56 kg 和 41.20 kg。南江黄羊最佳屠宰期应为 8~10 月龄。放牧加补饲条件下的 8 月龄和 10 月龄羯羊的屠宰率分别为 47.63% 和 47.70%。适应性强也是该品种较突出的性状，在海拔 10~4 359 m，气温 -9.2~44.0℃的自然条件下生长良好，繁殖正常。

5. 利用情况

目前，南江黄羊已被国内十几个省、自治区引种，用于改良当地山羊的产肉性能，取得了较明显的效果。

三、隆林山羊

隆林山羊是一个优良的地方品种，数量多，体格硕大，繁殖力强，生长迅速，屠宰率高，目前在主产地建有保种场，主要利用其遗传特点进行杂交改良，向肉乳兼用型发展。

1. 外貌特征

隆林山羊体格健壮，结构匀称，身长体大，体躯近似长方形，肋骨弓张良好，后躯比前躯略高。头大小适中，母羊鼻梁较平直，公羊鼻梁稍隆起。公母羊均有须髯，耳的大小适中，耳根较厚，耳尖较薄。公母羊均有角，幼龄时角呈圆形，成年后略呈扁形，并向上、向后、向外呈半螺旋状弯曲，也有少数呈螺旋状弯曲。角有黑色和石膏色两种，白色毛的羊角呈石膏色，其他毛色的羊角呈黑色。颈粗细适中，公羊颈略粗于母羊，少数羊的颈下有肉垂。

2. 品种特性

（1）生产发育快。羔羊初生平均体重为 2.19 kg；6 月龄育成公羊为 21.05 kg，6 月龄育成母羊为 17.06 kg；周岁母羊为 27.8 kg；成年公羊为 52.5 kg，成年母羊为 40.29 kg，成年阉羊为 72 kg。

（2）肌肉丰满，胴体脂肪分布均匀，肉质嫩，味美，无膻味。

（3）繁殖性能较强。年平均繁殖 1.66 胎；性成熟在 5 月龄左右，母羊一般到 8 月龄开始配种，公羊正式利用配种多在 9 月龄左右。

（4）适应性强，耐寒耐热。

四、马头山羊

1. 产地与分布

马头山羊，原产于湖南省常德地区和湖北省恩施地区。

2. 育成简史

据记载，500 多年前，当地就饲养山羊。马头山羊一般分布在海拔 1 000 m 以下地区。产区群众素有养羊习惯，注意选择个体大，生长快的山羊饲养。产区优越的生态条件对马头山羊的品种形成起了一定的作用。

3. 品种特征

外貌特征是体格较大，体躯呈长方形，公、母羊无角，两耳向前略下垂，有须，颈下有 1 对肉垂。公羊颈粗短，母羊颈较细长，前胸发达，背腰平直，后躯发育良好，尻略斜。被毛粗而短，以白色为主，也有黑色，麻色和杂色的。因无角，羊头形似马头，故称为马头山羊。

4. 生产性能

马头山羊的体型较大，成年公母羊体重分别为 45～60 kg 和 35～50 kg，最高可达 60～70 kg，在优良放牧并补饲条件下，公羊日增重可达 231 g，母羊日增重可达 192 g，一般条件下也有 100～150 g；产肉量高，屠宰率高，周岁羊为 45%，成年羊 50%～55%；5 月龄性成熟，适宜配种月龄为 10 月龄，以秋季为自然发情高峰期，年繁殖率在 400%以上，经产母羊双羔率达到 66.7%，三羔比例为 10.45%，四羔比例在 4.3%。

五、大足黑山羊

1. 产区分布

大足黑山羊主要分布于重庆市大足区 20 个乡镇及相邻的四川省安岳县和重庆市荣昌区的少量乡镇。据 2008 年调查，大足黑山羊存栏 24 620 只，其中种用公羊 686 只、能繁母羊 12 955 只。

2. 外形特征

成年母羊体型较大，全身被毛全黑、较短，肤色灰白，体质结实，结构匀称；头型清秀，颈细长，额平、狭窄，多数有角有髯，角灰色、较细、向侧后上方伸展呈倒“八”字形；鼻梁平直，耳窄、长，向前外侧方伸出；乳房大、发育良好，呈梨形，乳头均匀对称，少数母羊有副乳头。成年公羊体型较大，颈长，毛长而密，颈部皮肤无皱褶，少数有肉垂；躯体呈长方形，胸宽深，肋骨开张，背腰平直，尻略斜；四肢较长，蹄质坚硬，呈黑色；尾短尖；两侧睾丸发育对称，呈椭圆形。

3. 生长性能

正常饲养条件下，成年公母羊体重分别为 59.5 kg 和 40.2 kg，羔羊初生重公、母羔分别达 2.2 kg 和 2.1 kg，2 月龄断奶重公、母羔分别达 10.4 kg 和 9.6 kg；初产母羊产羔率达到 218%，经产母羊双羔率达 272%，基本可以做到两年三胎；羔羊成活率不低于 95%。成年羊屠宰率不低于 43.48%，净肉率不低于 31.76%；成年羯羊屠宰率不低于 44.45%，净肉率不低于 32.25%。

4. 繁殖性能

大足黑山羊具有性成熟早，繁殖力高的基本特性。性成熟较早，公羊在 2~3 月龄即表现出性行为，6~8 月龄性成熟，15~18 月龄进入最佳利用时间。母羊在 3 月龄出现初情，5~6 月龄达到性成熟，8~10 月龄进入最佳利用时间。大足黑山羊发情周期为 19 d，发情持续期为 2~3 d。妊娠期 147~150 d。初产母羊单胎平均产羔率为 180%以上，经产母羊单胎平均产羔数为 260%以上。

5. 适应地区

大足黑山羊主要在川中丘陵与川东平行岭谷交接地带，介于东经 105°28′~106°02′、北纬 29°23′~29°52′的区域自然培育而成，具有耐寒耐旱、抗逆性强、耐粗放饲养管理和采食能力强等特点，适宜于广大山区（牧区）放牧和农区、半农半牧区圈养。

六、沂蒙黑山羊

1. 产区分布

沂蒙黑山羊主产地为山东省中南部沂蒙山区及沂河流域，主要分布在临沂市、日照市、淄博市南部、潍坊市南部、泰安市东部等，以沂源、临朐、蒙阴、费县、平邑、五莲、新泰、岱岳等县市区数量较多。

2. 外形特征

体格中等，体型呈长方形，结构匀称。头短、额宽、眼大、角长而弯曲，颌下有胡须，背腰平直，胸深肋圆，体躯粗壮。被毛以纯黑色者居多，棕红色者次之，青灰色者最少。外层为粗毛、内层为绒毛。皮肤为黑色。公羊头大、颈粗，大多有角，角粗长；母羊头小而清秀，颈细长，大多有角，角短小。公羊前躯发达，雄性特征明显；母羊前躯较窄，后躯发育良好。四肢健壮结实，尾短瘦，上翘。公羊睾丸对称，大小适中，发育良好，附睾明显；母羊乳房发育良好，乳头大小适中。

3. 生长性能

沂蒙黑山羊公羊 1 月龄、3 月龄、6 月龄、9 月龄、12 月龄的体重分别为 4. 51 kg、8. 67 kg、14. 35 kg、19. 82 kg、23. 32 kg；沂蒙黑山羊母羊 1 月龄、3 月龄、6 月龄、9 月龄、12 月龄的体重分别为 3. 87 kg、7. 21 kg、11. 24 kg、14. 45 kg、17. 25 kg。9 月龄体重占成年羊体重的 50%以上，羯羊胴体重、屠宰率、净肉率的平均值 6 月龄为 5. 63 kg、43. 97%、34. 36%；10 月龄为 12. 20 kg、45. 79%、36. 46%；18 月龄为 20. 19 kg、44. 74%、35. 63%。

4. 繁殖性能

公羊初情期为 6~7 月龄，母羊为 4~5 月龄。公羊初配年龄为周岁左右，母羊为 8~10 月龄。母羊四季发情，常年配种，一年两胎或两年三胎，发情周期 19~21 d，发情持续时间 30~32 h，妊娠期（150±3） d。母羊平均产羔率为 164. 18%。公羊的利用年限 5~8 年，母羊不低于 6 年。

5. 适应地区

沂蒙黑山羊主要在鲁东北山区、丘陵交接地带区域自然培育而成，具有耐寒耐旱、抗逆性强、耐粗放饲养管理和采食能力强等特点，适宜于广大山区（牧区）放牧和农区、半农半牧区圈养。

技术篇

第三章　羊场建设与环境控制

第一节　环境因素对肉羊的影响

环境与肉羊生产密切相关。恶劣的环境会使肉羊生产性能下降，饲养成本增高，可诱发多种疾病，甚至造成羊只死亡。只有生活在适宜的环境条件下，才能发挥肉羊的最大生产潜力。

一、气温

在自然生态因素中，气温对羊体影响最大，会直接或间接影响肉羊的健康和生产力。气温过高时，羊机体散热受阻，蓄积热量，体温升高，代谢率提高，采食量下降，会出现喘息甚至中暑等症状；气温过低时，羊机体散热增加，为维持体温，就必须提高代谢率增加产热量，因而造成饲料消耗量增多，此时营养供应不足，就会出现掉膘。

绵羊的最适温度为-3～23℃，山羊为15～26℃，羔羊为20～30℃。气温高于或低于最适温度时，绵、山羊的生长速度减慢，繁殖性能下降，经济效益减少。

二、湿度

空气湿度直接影响绵羊、山羊散热。在适宜温度条件下，空气湿度对绵羊、山羊体热调节影响不大。环境温度较高时，肉羊主要靠蒸发散热，若空气湿度大，则散热量减少，当散热受到抑制时会引起体温升高，皮肤充血，呼吸困难，最后死亡。低温高湿条件下，绵、山羊会因寒冷潮湿而患感冒及风湿痛、关节炎和肌肉炎等。

当气温特别高时，空气过分干燥也会对肉羊产生危害。在高温干燥环境下，机体散失水分过多，导致干渴，新陈代谢减弱。但对绵、山羊来讲，最重要的是要尽量避免高湿环境。夏秋季节，降水增多，空气湿度增大，此时放牧地多雨潮湿，会引起羊只患腐蹄病和寄生虫病。因此，夏秋放牧应尽量避开低洼潮湿的地方。

三、光照

光照对绵、山羊的繁殖有显著影响。母羊的性活动与光照长短密切相关。随着光照由长变短，进入秋季后母羊开始发情、排卵；而随着光照由短变长，母羊发情减少，春季进入乏情期。一般公绵羊的精液质量也在秋季光照缩短时最高。

光照还可影响绒纤维的生长。研究表明，山羊绒生长是在夏至后，当光照由长变短时开始生长，随光照长度递减，山羊绒生长加快；冬至后，光照由短变长，山羊绒生长缓慢并逐渐停止生长。

在生产中可以通过控制光照实现乏情期母羊的发情排卵，提高绒山羊产绒量。

四、气流

气流在一般情况下，对绵、山羊的生长发育和繁殖没有直接影响，而会加速体内水分的蒸发和热量散失，进而影响绵、山羊的热能和水分代谢。研究表明，当风力在 3 级（3. 4 ~ 5. 4 m/s）以下时，有利于羊群的放牧；夏季高温时，羊群可适应 4 ~ 5 级（5. 5 ~ 10. 7 m/s）的风力；冬季寒冷时，4 级以上的北风对羊群不利；若发生 6 ~ 7 级（10. 8 ~ 17. 1 m/s）大风时，羊群则不能正常放牧，甚至引起惊慌而发生“炸群”。

如天气降温、降雨或降雪，再遇大风，对羊群危害更大，尤其在产羔和剪毛时，羔羊及剪毛羊只容易受寒而发生各种疾病。因此，应随时注意天气变化，及时采取预防措施，减少羊群损失。

五、土壤和地形

绵羊、山羊放牧饲养时，放牧效果的好坏与放牧牧场的土壤和地形有很大关系。绵羊适宜在平缓地形放牧，山区和半山区有利于山羊放牧，舍饲时羊舍的选址也要考虑土壤和地形。某些地区的土壤、牧草中缺乏某种微量元素，导致该地区绵、山羊对这种元素发生营养缺乏病。如河北省沧州地区土壤及牧草中缺乏微量元素硒，因而常有白肌病的发生；新疆准噶尔盆地南缘、塔里木盆地北缘及东疆的许多盐渍化芦苇草甸地区缺铜，经常流行一种以后肢运动失调或瘫痪为主要特征的羔羊常见病“摆腰病”，重病者几乎全部死亡，病轻者也因不能正常放牧采食而逐渐消瘦。

第二节　羊场的场址选择

场址选择关系到养羊成败和经济效益，也是羊场设计遇到的首要问题，除考虑饲养规模及羊场饲草条件外，要符合羊的生活习性及当地的社会自然条件，也应符合当地土地利用规划要求。

一、地势地形

地势要高燥，地下水位一般要在 2 m 以下，平坦、背风向阳，排水良好，通风干燥，可有适当的缓坡，坡度一般以 1%～3% 为宜。不能在低洼涝地、水道、风口处和深谷里建场。

羊场的地形要开阔、整齐、有足够的面积。若地形不规则或边角太多，不利于合理规划、布局和组织生产。不可建场于树木过多的地方，因为树木过多所形成的湿热环境会影响羊只的正常生产，使羊病传播，造成羊产品的污染。

二、土壤

壤土是羊场理想的建筑用地材料。壤土的特性介于沙土和黏土之间，易于保持干燥，土温较稳定，膨胀性小，自净能力强，对羊只健康、卫生防疫和饲养管理工作都比较有利。黏土土质不宜作为羊场地基，因其透水性差、吸潮后导热性大，在黏土上修建羊场后，羊舍容易潮湿，冬天寒冷。

三、水源

饮用水的质量对羊的健康极为重要，饮用水的水源应该清洁、安全、无污染，不经过任何处理或净化消毒即符合畜禽饮水水质标准。羊场的水源要水量充足，能够满足场内各项用水，便于防护，取用方便。可选择地下水和地表水，饮水以泉水和深井水为最好，洁净的溪水也很好。

四、饲草、饲料条件

在建羊场时要充分考虑放牧场地与饲草、饲料条件。在北方牧区和农牧结合区，要有足够的四季牧场和打草场；在南方草山草坡地区，要有足够的轮牧草地；而以舍饲为主的农区和垦区，要有足够的饲草、饲料基地或便利的饲草来源，饲料要尽可能就地解决。对于奶山羊来说，要特别注意准备足够的越冬干草和青贮饲料。

五、便于防疫

羊场场地的环境及附近的兽医防疫条件的好坏是影响羊场经营成败的关键因素之一，场址选择时要充分了解当地和周边地区疫情，不能在疫区建场，羊场周围的居民和牲畜应尽量少些，以便发生疫情时方便隔离封锁。建场前要对历史疫情做周密的调查研究，特别警惕附近的兽医站、畜牧场、集贸市场、屠宰场、化工厂等距拟建场地的距离、方位、有无自然隔离条件等，同时要注意不要在旧养殖场上建场或扩建。

六、交通供电方便

羊场要求交通便利，便于饲草运输，特别是大型集约化的商品场和种羊场，其物资需求和产品供销量极大，对外联系密切，故应保证交通方便。但为了防疫卫生，羊场与主要公路的距离至少要在100~300 m或以上（如设有围墙时可缩小到50 m）。羊舍最好建在村庄的下风头与下水头，以防污染村庄环境。

七、社会条件

新建羊场选址要符合当地城乡建设发展规划的用地要求，否则随着城镇建设发展，将被迫转产或向远郊、山区搬迁，会造成重大的经济损失。新建羊场选址要参照当地养羊业的发展规划布局要求，综合考虑本地区的种羊场、商品羊场、养羊小区、养羊户等各种饲养方式的合理组织和搭配布局，并与饲料供应、屠宰加工、兽医防疫、市场与信息、产品营销、技术服务体系建设相互协调。

第三节 羊场的布局

一、羊场布局原则

一是应体现建场方针、任务，在满足生产要求的前提下，做到节约用地，少占或不占可耕地。

二是在发展大型集约化羊场时，应当全面考虑粪便和污水的处理和利用。

三是因地制宜，合理利用地形地貌。如利用地形地势解决挡风防寒、通风防热、采光等。根据地势的高低、水流方向和主导风向，按人、羊、污的顺序，将各种房舍和建筑设施按其环境卫生条件的需要给予排序。并考虑人员的工作环境和生活区的环境保护，使其尽量不受饲料粉尘、粪便气味和其他废弃物的污染。

四是应充分考虑今后的发展，在规划时要留有余地，对生产区的规划应更注意。

二、各种建筑物的分区布局

在羊场总体规划布局时，通常分为生产区、供应区、办公区、生活区、病羊管理区及粪便污水处理区。布局时既要考虑卫生防疫条件，又要照顾各区间的相互联系。因此，在羊场布局上要着重解决主导风向、地形和各区建筑物之间的距离。

生产区是全场的核心，主要是各类羊舍。如本地区的主风向是北风，生产区的羊舍布局由北向南依次按产羔室、羔羊舍、育成羊舍、成年羊舍的顺序安排，避免成年羊对羔羊有可能造成的感染。生产区入口处必须设置洗澡间和消毒池。在生产区内应按规模大小、饲养批次的不同，将其分成几个小区，各小区之间应间隔一定距离。

羊舍的一端应有专用粪道与处理场的通道，用于粪便和脏污等的运输。人行与运输饲料应有专门的清洁道，两道不要交叉，更不能共用，以利于羊群健康。

羔羊舍和育成羊舍应设在羊场的上风向，远离成年羊舍，以防感染疾病。育成羊舍应安排在羔羊舍和成年羊舍之间，便于转群。种羊舍可和配种室或人工授精室结合在一起。在羊场的整体布局时还要考虑到发展的需要，留有余地。

羊场的良好环境，有利于羊群的健康。对羊场场区的绿化也应纳入羊场规划布局之中。绿化对美化环境，改善小气候，净化空气，吸附粉尘，减弱噪声有积极的作用。良好的场区绿化，夏季可降低辐射热，冬季可阻挡寒流袭击。

饲料供应区和办公区应设在与风向平行的一侧，距离生产区80 m以上。生活区应设在场外，离办公区和供应区100 m以外处。兽医室、粪便污水处理区应设在下风口或地势较低的地方，间距100～300 m。上述的设置能够最大限度地减少羔羊、育成羊的发病机会，避免成年羊舍排出的污浊空气污染。但有时由于实际条件的限制，做起来十分困难，可以通过种植树木，建阻隔墙等防护措施加以弥补。

第四节　羊舍建筑

一、羊舍设计的基本参数

1. 羊只占地面积

羊只占地面积取决于羊只的生产方向和用途及当地的气候条件，原则上要保证舍内空气新鲜、干爽，冬春季能防寒保温、夏秋季不致过热。羊舍应有足够的面积，使羊在舍内能够自由运动，使羊不感到拥挤。

据国外有关资料，羊舍的面积可根据 Cunningham 和 Soutar 提出的经验公式求得：

$$A=0.063W^{0.64}$$

式中，A 为占地面积，W 为活重，$R^2=0.9937$。

$$TS=0.095W^{0.37}$$

式中，TS 为饲槽长度，W 为活重，$R^2=0.999$。

由这 2 个公式来确定羊舍建造的占地面积以及饲槽长度。

同时，羊舍的面积因羊的种类、品种、性别、生理状态和当地气候的不同，要求也不一样。进行羊舍建造时参考以下标准。种公羊 1.5~2.0 m^2/只（大型羊最多 4~6 m^2/只）；怀孕前期母羊 0.8~1.0 m^2/只，最大 1.2 m^2/只；怀孕后期和哺乳母羊 1.1~1.2 m^2/只（产春、秋羔），1.8~2.0 m^2/只（产冬羔）；幼龄公、母羊 0.5~0.6 m^2/只，最大 0.8 m^2/只；羔羊（必须单独组群时）0.4~0.6 m^2/只；肥育羊 0.6~0.8 m^2/只。

2. 运动场

无论何类羊舍均需要建有运动场，供羊活动。运动场面积一般为羊舍面积的 2~3 倍，成年羊运动场面积可按每只羊 4 m^2 计算。

运动场地面应比羊舍低 15～30 cm，而比运动场外高 15～30 cm。

3. 羊舍的跨度和长度

羊舍的跨度一般不宜过宽，有窗自然通风羊舍跨度以 6～9 m 为宜，这样舍内空气流通较好。羊舍的长度没有严格的限制，但考虑到设备安装和工作方便，一般以 50～80 m 为宜。羊舍长度和跨度除要考虑羊只所占面积外，还要考虑生产操作所需要的空间及饲槽利用情况等。

4. 羊舍高度

羊舍高度根据气候条件有所不同。在气候不太炎热的地区，羊舍不必太高，一般从地面到天棚的高为 2.5 m 左右；对于气候炎热的地区可增高至 3 m 左右；对于寒冷地区可适当降低到 2 m 左右。羊数多时，羊舍可高些，以保证充足的空气，但过高则不利于保温，建筑费用也高。

5. 门、窗

羊舍的门应宽敞些，以免羊进出时拥挤，一般门宽 3 m，高 2 m 左右，寒冷地区的羊舍，为防止冷空气直接进入，可在大门外设套门。门上不应有尖锐的突出物，以免刺伤羊只。不设门槛和台阶，而是设置斜坡。羊舍的窗户面积一般占舍地面积的 1/15～1/10，距地面在 1.5 m 以上，以便防止贼风直接吹袭羊群。窗应向阳，保证舍内充足的光线，以利于羊的健康。

二、羊舍建造的基本要求

1. 地面

地面的保暖和卫生条件很重要。羊舍地面要求平整干燥，易于除去粪便和更换垫土或垫料。舍内地面应高出运动场 15～30 cm，且地面要呈 2%～2.5%的坡度，以利于排水。

羊舍地面有实地面和漏缝地面 2 种类型。地面又因建筑材料不同分为夯实黏土、三合土（石灰、碎石、黏土比例为 1：2：4）、混凝土、砖地、石地、水泥地、木质地面等。一般来说，羊舍和运动场地面最好采用立砖平铺。饲料间、人工授精室、产羔室和饲养员值班室的地面可铺成水泥地面，以便消毒。

2. 墙

墙在羊舍保温方面起着重要的作用。可利用砖、石、水泥、钢筋、木材等修成坚固耐用的永久性羊台，这样可以减少维修费用。选用建筑材料应就地取材，选用砖木结构和土木结构均可，但必须坚固耐用、保温性能好、易消毒。我国多数地区建造羊舍普遍采用土墙、砖墙和石墙；国外有采用铝合金板、胶合板、玻璃纤维板建成保温隔热墙，其效果也很好。墙基必须有防潮处理，在墙基外面要有通畅的排水设施。

3. 屋顶和天棚

屋顶兼有防水、保温隔热、承重三种功能，正确兼顾这三方面的关系对于保证羊舍环境的控制极为重要。其材料有陶瓦、石棉瓦、木板、塑料薄膜、油毡等。国外也有采用金属板的。屋顶的种类繁多，在羊舍建筑中常采用双坡式，也可以根据羊舍实际情况和当地的气候条件采用半坡式、平顶式、联合式、半钟楼式、钟楼式等。

4. 运动场

呈“一”字形排列的羊舍，运动场一般设在羊舍的南面，低于羊舍地面，向南缓缓倾斜，以沙质壤土为好，便于排水和保持干燥。运动场周围设围栏，公羊围栏高度为 1.5 m，母羊为 1.2~1.3 m，围栏门宽 1.5~2.5 m。

三、羊舍的基本类型

1. 封闭式羊舍

有严密的屋顶外围防护结构，羊舍四面均有墙壁与外界隔开，墙壁上开有门窗。冬季可将门窗关闭保暖，夏季可将门窗打开通风降温，封闭式羊舍的保温性能好，因此主要分布在季节间气候变化较大的农区及山区，一般是在北温带和寒带气候区域。封闭式羊舍的建造成本要比同样规模的其他形式的羊舍要高。

2. 棚式羊舍

羊舍上有舍顶，四面均用立柱（砖垒柱、水泥混凝土柱或钢柱）支撑。棚式羊舍的舍内小环境受外界环境变化的影响较大，适宜于长江以南的亚热带和热带地区使用，不适宜于冬春寒冷季节养羊。棚式羊舍的建筑结构有多种类型。棚式羊舍有木柱草木平顶式、水泥钢筋混凝土柱平拱式、钢柱彩钢瓦双坡式等结构。

3. 棚、舍结合羊舍

这种羊舍大致分为两种类型。一种是利用原有羊舍的一侧墙体，修成三面有墙，前面敞开的羊棚。羊平时在棚内过夜，冬春进入羊舍。另一种是三面有墙，向阳避风面为 1.0~1.2 m 的矮墙，矮墙上部敞开，外面为运动场的羊棚。平时羊在运动场过夜，冬春进入棚内，这种棚舍适用于冬春天气较暖的地区。

4. 楼式羊舍

楼式羊舍又称高架羊舍。适于长江以南的多雨地区舍饲羊用。这种羊舍通风良好，防热、防潮性能较好。楼板多以木条、竹片铺设，间隙 1~1.5 cm，离地面 1.5~2.5 m。夏秋季节气候炎热、多雨、潮湿，羊可住楼上，且通风好、凉爽、干燥。冬春冷季，楼下经过清理即可住羊，楼上可贮存饲草。

5. 农膜暖棚式羊舍

农膜暖棚式羊舍是一种更为经济合理、灵活机动、方便实用的棚舍结合式羊舍。这种羊舍以三面墙的敞篷圈舍为基础，在距棚前檐 2~3 m 处筑一高 1.2 m 左右的矮墙。矮墙中部留约 2 m 宽的舍门，矮墙顶墙与棚檐之间用木杆或木框支撑，上面覆盖塑料薄膜，用木条加以固定。薄膜与棚檐和矮墙的连接处用泥土紧压。在东、西两墙距地面 1.5 m 处各留一可开关的进气孔，在棚顶最高处也留两个与进气孔大小相当的可调节排气窗。

6. 农家简易羊舍

这种羊舍适用于千家万户规模较小的饲养。羊舍一般为长方形，房顶可用瓦片或稻草覆盖，三面整墙，一面半墙或栏栅，高

1 m左右，上半部敞开，墙用砖石砌成或泥土筑成。也可利用旧房、草棚等改建而成。舍内靠里半侧可设羊床，羊床离地面高50~80 cm，以利于羊的休息和栖地清洁。舍内靠前沿墙壁设草架和栏门，以利于羊采食和出入。

第五节　羊场的主要设备及主要附属设施

一、草料架

羊爱清洁，喜吃干净饲草，利用草架喂羊，可避免羊践踏饲草，减少浪费，还可减少感染寄生虫。草架的形式多种多样，有靠墙固定单面草架和中间凹形的两面联合草架，还有的地区利用石块砌槽、水泥勾缝、钢筋作隔栅，修成草料双用槽架。草架设置长度：成年羊按每只30~50 cm，羔羊20~30 cm，草架隔栅间距以羊头能伸入栅内采食为宜，一般宽15~20 cm。

二、饲槽

（一）固定式饲槽

用砖、石头、水泥等砌成。饲槽大小一般要求为：槽体高23~25 cm，槽内宽23~25 cm，深14~15 cm，槽壁应用水泥抹光。槽长依据羊只数而定，一般可按每只大羊30 cm、羔羊20 cm计算。为了让每只羊都能够均匀地吃到应采食的饲草料并便于管理，一般在饲槽上设隔栏分隔，宽度为20~30 cm。

（二）活动式饲槽

用厚木板或铁皮制成长1.5~2 m，上宽30~35 cm，下宽25~30 cm的饲槽。其优点是使用方便、制造简单。

三、水槽

水槽多为固定式砖与水泥混合结构。长度一般为1~2 m。也可以安装自动饮水器，这样能够节约用水。并且可以在水箱内安装电热水器，使羊在冬天能喝上温水。

四、盐槽

给羊群供给盐和其他矿物质时，如果不在室内或混在饲料中饲喂，为防止在舍外被雨淋潮化，可设一有顶盐槽，任羊随时舔食。

五、栅栏

（一）母子栏

将两块栅栏板用铰链连接而成，每块高 1 m、长 1.2~1.5 m，将此活动木栏在羊舍角隅呈直角展开，并将其固定在羊舍墙壁上，可围成 1.2~1.5 m^2 的母仔间。目的是使产羔母羊及羔羊有一个安静又不受其他羊只干扰的环境，便于对母羊补料和羔羊哺乳，有利于对产后母羊和羔羊的护理。

（二）羔羊补饲栅栏

可用多个栅栏、栅板或网栏在羊舍或补饲场靠墙围成足够面积的围栏，并在栏间插入一个大羊不能进、而羔羊能自由进出采食的栅门。

（三）分羊栏

分羊栏供羊分群、鉴定、防疫、驱虫、称重、打号等生产技术性活动中用。分羊栏由许多栅板连接而成。在羊群的入口处为喇叭形，中部为一小通道，只容许羊单只前进。沿通道一侧或两侧，可根据需要设置 3~4 个可以向两边开门的小圈，利用这一设备，就可以把羊群分成所需要的若干小群。

六、药浴池

为防治羊疥癣及其他寄生虫病，每年应定期给羊药浴。药浴池一般用水泥筑成，形状为长方形水沟状。池的深度约 1 m、长 10~15 m、底宽 30~60 cm、上宽 60~100 cm，以一只羊能通过而不能转身为宜，药浴池的入口端为陡坡，在出口一端筑成台阶，在入口一端设贮羊圈，出口一端设滴流台。羊出浴后，在滴流台上停留一段时间，使身上的药液流回池内。滴流台用水泥修成。在药浴池旁安装炉灶，以便烧水配药。药浴池应临近水井或水源，以利于往池内放水。有条件的养羊场（户）可建造药浴池排水通道。

七、青贮窖

青贮窖一般长方形，窖底及窖壁用砖、石、水泥砌成。为防止窖壁倒塌，青贮窖应建成倒梯形。青贮窖的一般尺寸：人工操作时深 3~4 m，宽 2.5~3.5 m，长度根据饲喂需要量确定，大小以 2~3 d 能将青贮原料装填完毕为宜。青贮窖在地势干燥的地方修建，在离青贮窖 50 cm 处，挖排水沟，防止污水流入窖中。

第六节　羊场环境控制的主要环节

羊场在为市场提供优质羊产品的同时，也产生大量的粪、尿、污水、废弃物和有害气体。其中固体废弃物量较大，是羊场环境保护工作的重点和关键。

一、羊场绿化

（一）羊场绿化的意义

1. 有利于改善场区小气候

羊场绿化可以明显地改善场内的温度、湿度、气流等状况。高温时期，树叶的蒸发能降低空气中的温度，也可增加空气中的湿度，同时会显著降低树荫下的辐射强度。一般在夏季的树荫下，气温较树荫外低 3~5℃。

2. 有利于净化空气

羊场羊的饲养量大，密度高，羊舍内排出的二氧化碳也比较集中，还有一定量的氨等有害气体一起排出。经绿化的羊场能净化这些空气。据报道，每公顷阔叶林，在生长季节每日可以吸收约1 000 kg的二氧化碳，生产约730 kg的氧，而且许多植物还能吸收氨。

3. 有利于减少尘埃

在羊场内及其四周，如种植有高大的树木，它们所形成的林带，能净化大气中的粉尘。当含尘量很大的气流通过林带时，由于风速降低，可使大粒灰尘下降，其余的粉尘及飘尘可被树木枝叶滞留或为黏液物质及树脂所吸附，使空气变的洁净。草地的减尘作用也很显著，除可吸附空气中的灰尘外，还可固定地面上的尘土。

4. 有利于减弱噪声

树木与植被对噪声具有吸收和反射的作用，可以减弱噪声的强度。树叶的密度越大，减弱噪声的效果也越显著。

5. 有利于减少空气及水中的细菌量

树林可以使空气中含尘量大为减少，因而使细菌失去了附着物，数量也相应减少。同时，某些树木的花、叶能分泌一种芳香物质，可以杀死细菌、真菌等。

6. 有利于防疫、防火

羊场外围的防护林带和各区域之间种植的隔离林带，可以防止人畜任意往来，因而可以减少疫病传播。在羊场中进行绿化，也有利于防火。

（二）羊场的合理绿化

场界周边可设置林带。在场界周边种植乔木和灌木混合林带，特别是在场界的北、西两侧，应加宽这种混合林带（宽10 m以上），以起到防风阻沙的作用。

场内绿化主要采取办公区绿化、道路绿化和羊舍周围绿化等几种方式。场区隔离林带，用于分隔场内各区。办公区绿化主要种植些花卉和观赏树木，场内外道路两旁的绿化，一般种植1～2行，而且要妥善定位，在靠近建筑物的采光地段，不应种植枝叶过密，过于高大的树种，以免影响羊舍的自然采光。道路绿化，主要种植一些高大的乔木，如梧桐、白杨等，而且要妥善定位，尽量减少遮光。羊舍周围绿化，主要种植一些灌木和乔木。运动场遮阳林，在运动场南侧与西侧，设 1～2 行遮阳林，起到夏季遮阳的作用。一般要求养羊场场区的绿化率（含草坪）达到40%以上。

二、羊粪的合理利用

（一）农牧结合与粪肥还田

对于羊场产生的羊粪污水等废弃物，要按照减量化、资源化和无害化原则进行处理，经发酵后作为有机肥供给种植业生产。

羊场的固体废物主要是羊粪。羊舍的粪便需要每日及时清除，然后用粪车运出场区。羊粪的收集过程必须采取防扬散、防流失、防渗漏等工艺。要求建立贮粪场和贮粪池，这些贮粪设施需要经过水泥硬化处理，目的在于防止渗漏造成环境污染。

实行羊粪还田，是一种良性生态循环的农牧结合模式，是生态农业的发展方向。具体模式是种草养畜，草畜配套，养羊积肥，以羊促草。这种发展模式，减少了规模养羊的环境污染，粪便通过发酵利用，可以减少寄生虫卵和病原菌对人畜的危害，还可以减少粪便中杂草籽对种植业的不良影响，实现了良好的经济效益和社会效益、生态效益。

（二）制作有机肥

对于一些生产水平较高的示范性羊场，可以采用简易的设备建立复合有机肥加工生产线，使得羊粪经过不同程度的处理，有机质分解、腐化，生产出高效有机肥等产品。对于一般的羊场，可以采用堆肥技术，使羊粪经过堆腐发酵，其中的微生物对一些有机成分进行分解，杀灭病原微生物及寄生虫卵，也可以减少有害气体产生。

羊粪制作有机肥，要因地制宜，达到无害化，归纳起来有以下几种方式。

1. 堆肥处理技术

从卫生学观点和保持肥效等方面考虑，堆肥发酵后再利用要比使用生粪要好。堆肥的优点是技术和设施简单，使用方便，无臭味；同时，在堆制过程中，因有机物的降解，堆内温度持续 15~30 d，达 50~70 ℃，可杀死绝大部分病原微生物和寄生虫卵，而且腐熟的堆肥属迟效肥料，对牧草及作物使用安全。

2. 塑料（玻璃钢）大棚发酵干燥

在生产过程中，要用搅拌机使鲜粪与干粪混合，不断搅拌，目的在于调节水分含量，以利于发酵。要在塑料（玻璃钢）大棚内，进行发酵和干燥。

其他制作有机肥的处理方法有将羊粪制成复合颗粒肥料或制作成液体圈肥。制作液体圈肥的方法是将生的粪尿混合物置于贮留罐内经过搅拌，通过微生物的分解，变成为腐熟的液体肥料。这种液体肥料对作物是安全的，在配备有机械喷灌设备的地区，这种液体粪肥较为适宜。

（三）沼气池综合利用

羊场配套建设沼气池，有利于防治环境污染，对无公害养殖来说，有重要的应用价值，值得推广与实施。

沼气池按贮气方式分为水压式沼气池、浮躁式沼气池和气袋式沼气池。在一般农户养羊场，大多数采用水压式沼气池。随着沼气事业的发展，近几年出现了一些容积小、自热条件下产气率高、建造成本较低、进出料方便的小型沼气池。

三、减少污水排出量

废水主要指生产废水和生活污水。生产废水主要来源于各类羊舍的废水，因可能含有病原微生物而被视为污染源。生活污水的主要来源有行政办公区、消毒更衣室的生活用水和厕所产生的污水等。可在场内修建污水处理池，粪水在池内静止可使 50%~85%的固形物沉淀，处理池应大而浅，但其水深不小于 0.6 m，最大深度不超过 1.2 m。

四、废气处理

羊场的废气一是来源于羊场圈舍内外和粪堆、粪场周围的空间，粪污中的有机物经微生物分解产生的恶臭以及有害气体；二是来源于羊舍排放的污浊气体。羊场废气的恶臭除直接或间接危害人畜健康外，还会使羊的生产力降低，使羊场周围生态环境恶化。

五、羊场的生物安全

（一）羊场的生物安全带

羊场四周设置围墙及防护林带，最好在院墙外面建有防疫沟，沟内常年有水。防止闲杂人员及其他畜禽串入种羊场。

同时，利用羊舍间防疫间距进行绿化布置，有利于防疫，同时也净化了空气，改善了生产环境。

（二）羊场蚊、蝇、虻的控制

蚊、蝇、虻是羊场传播一些疾病的有害昆虫，对于羊场的生物安全有很大影响，因此必须予以重视。

除了在易于滋生蚊、蝇、虻的污水沟定期投药物进行药杀以外，在场区设置诱蚊、诱蝇、诱虻的水池和悬挂灭蚊蝇装置也是合理的选择。

此外，对于羊场的粪便存贮设施及粪堆经常以塑料薄膜覆盖，也可以减少苍蝇滋生。

（三）病死羊的处理

兽医室和病羊隔离舍应设在羊场的下风头，距羊舍 100 m 以上，防止疾病传播。在隔离舍附近应设置掩埋病羊尸体的深坑（井），对死羊要及时进行无害化处理。对场地、人员、用具应选用适当的消毒药及消毒方法进行消毒。

第四章　肉羊的营养需要与日粮配制

肉羊健康养殖所需的各种营养物质来源于饲料的供给，舍饲养羊60%~70%的成本用于饲料。因此，了解各种饲料原料的营养成分和饲用价值，科学配制日粮，对不同生长、生产阶段的肉羊营养需要和饲养标准有着十分重要的作用；同时，也是合理利用饲料资源、充分发挥肉羊生产性能、降低成本、提高经济效益的基本条件。

第一节　肉羊的营养需要与饲养标准

一、肉羊的营养需要

肉羊的营养需要是指羊在维持正常生理活动、生命健康和达到最佳生产水平时，所需营养物质的必需种类和数量。这种需要包括维持需要和生产需要。其中维持需要是指羊为了维持正常生命活动和基本生理活动所需要的营养物质。生产需要包括生长、繁殖、泌乳、育肥和产毛等生产条件下的营养需要。肉羊所需的营养物质包括蛋白质、碳水化合物、脂类、矿物质、维生素和水，这些物质各有其不同功能，需要量也不一致。

（一）蛋白质

蛋白质是一种含氮化合物，基本组成单位为氨基酸。蛋白质是一切生命的物质基础，不但是各种组织器官生长发育和修复所必需的原料，又是体内许多酶、激素、抗体的主要成分，也是形成肉、乳、皮、毛等产品的主要原料。蛋白质还能代替碳水化合物和脂肪起产热作用，以供给机体能量的需要。羊日粮中蛋白质不足，会影响瘤胃的生理效果，使羊的生长发育缓慢；严重缺乏时，导致羊只消化紊乱、体重下降、贫血、水肿以及抗病力减弱，还会导致公羊的性欲和精液品质降低，母羊受胎率降低、产死胎或弱羔，哺乳期泌乳量下降。同时，还会影响羊体对其他营养物质的吸收和利用，降低日粮的利用效率。羊日粮中蛋白质过量，多余的蛋白质变成低效的能量，造成浪费，很不经济，而且过量的非蛋白氮和高水平的可溶性蛋白质可造成氨中毒。因此，合理的蛋白质水平很重要。

肉羊对蛋白质需求量因年龄、体况、体重、妊娠、泌乳等不同阶段而异。幼龄羊生长发育快，对蛋白质需求量多。随年龄的增长，生长速度减慢，对蛋白质的需求量随之下降。妊娠羊、泌乳羊、育肥羊对蛋白质需求量相对较高。一般羔羊育肥期的日粮粗蛋白质含量为16%~18%，成年羊育肥时，日粮的粗蛋白质水平可适当降低到12%~14%。

（二）碳水化合物和粗纤维

碳水化合物主要作用是为机体提供能量，参与黏多糖、糖蛋白等合成，是维持正常体温和生命活动的必需物质。饲料中的碳水化合物主要有淀粉、糖和粗纤维等。玉米、大麦和薯类等饲料中含有丰富的淀粉，是高能量饲料。粗纤维虽然营养价值低，但对肉羊仍是不可缺少的营养物质，它在日粮中比例过少或过多都会影响肉羊对其他营养物质的消化、吸收，甚至影响肉羊自身的代谢、生长发育及产品品质。肉羊在消化过程中通过瘤胃微生物的发酵，可以有效地分解和利用粗纤维，将其转变为能量。因而，在饲养肉羊过程中，调整日粮中粗纤维的含量，不仅可以降低饲养成本，而且也是满足羊的正常消化生理功能所必需的。

（三）脂肪

脂肪也是能量的主要来源，在体内除供给热能维持体温以外，还是构成细胞的成分，并且是脂溶性维生素的溶剂。饲料中的碳水化合物可转化为脂肪酸后再合成体脂肪，但羊体不能合成十八碳二烯酸、十八碳三烯酸和二十碳四烯酸等不饱和脂肪酸，必须从饲料中获得。若日粮中缺乏这些脂肪酸，羔羊生长发育缓慢，皮肤干燥，被毛粗直，有时易患维生素 A、维生素 D 和维生素 E 缺乏症。豆类、豆饼、玉米糠及稻糠等饲料含有较多脂肪，是羊日粮中脂肪的重要来源。但是，日粮中脂肪含量超过 10% 又会影响羊的瘤胃微生物发酵，阻碍羊体对其他营养物质的吸收和利用。

（四）矿物质

矿物质元素是构成骨骼、牙齿、血液、淋巴液、体液和乳汁等组织的重要成分，几乎参与所有生理过程，维持体液平衡。体内缺乏矿物质，会引起神经反射、肌肉运动、食物消化、营养输送、血液凝固和体内酸碱平衡等功能紊乱，从而影响羊的健康、生长发育、生产性能等，甚至导致羊死亡。羊体内有多种矿物元素，按照含量可分为常量元素和微量元素。常量元素有钠、氯、钙、镁、钾和硫；微量元素有铁、碘、锌、铜、钴、钼、锰和硒，其中最主要的是钙、磷和钠、氯。羊的日粮中钙磷比例以（2~1.5）：1 为宜。

（五）维生素

维生素属于低分子有机化合物，其功能在于启动和调节有机体的物质代谢。羊体必需的维生素分为脂溶性维生素（维生素 A、维生素 D、维生素 E、维生素 K）和水溶性维生素（B 族维生素和维生素 C）。维生素参与机体物质代谢，对维持羊的健康、生长发育和繁殖具有极其重要的作用。维生素缺乏使机体的新陈代谢发生紊乱，生长缓慢乃至停滞，生产力下降甚至死亡。放牧羊在夏秋季节一般不会出现维生素缺乏症。但在冬春枯草期，常会缺乏维生素，尤其对生长期幼龄羊、种公羊、妊娠后期的母羊更是如此。因此，要饲喂青贮饲料、胡萝卜、鲜菜叶、鲜树叶等补充维生素或在饲料中直接添加维生素。羊需要的维生素除由饲料中获取外，还可由消化道微生物合成。成年羊瘤胃微生物能合成 B 族维生素、维生素 C 及维生素 K，这些维生素除哺乳期羔羊外一般不会缺乏。在羊的日粮中要注意供给足够的维生素 A、维生素 D 和维生素 E。

（六）水

水是羊体重要的组成成分之一，一般水分占体重的 60%～70%，是饲料消化、吸收、营养物质代谢及调节体温等生理活动所必需的物质，是羊生命活动不可缺少的。水分不足会影响饲料的适口性，使羊的胃肠蠕动减慢，消化紊乱，血液浓缩，体温调节功能遭到破坏。羊体失水 10%，代谢有可能紊乱，失水 20%，动物就有死亡的危险。所以要保证水的供给和注意饮水卫生，其水质应达到《无公害食品　畜禽饮用水水质》（NY 5027—2008）。需水量因体重、气温、日粮及饲养方式不同而异。环境温度高时，矿物质元素摄入量多时，以及母羊在妊娠后期和哺乳期对水的需求量增大，需提供充足的饮水。一般情况下，采食 1 kg 干物质需水 3～5 kg。每日应让羊自由饮水 2～3 次。

二、肉羊的饲养标准

饲养标准是根据大量饲养试验结果和动物生产实践经验，对各类羊所需要的各种营养物质的定额做出的规定，这种系统的营养定额及有关资料统称为饲养标准。肉羊的饲养标准就是肉羊的营养需要量，是指肉羊维持生命活动和从事生产（肉、乳、繁殖等）对能量和各种营养物质的需要量。各种营养物质的需要，不仅数量要充足，而且比例要恰当。目前肉羊饲养标准参考 2004 年农业部颁布的《肉羊饲养标准》（NY/T 816—2004），该标准规定了的肉用绵羊、山羊对日粮干物质采食量、消化能、代谢能、粗蛋白质、维生素、矿物质元素每日需要量值，适用于以产肉为主而饲养的绵羊、山羊品种。按照饲养标准进行饲喂，可提高肉羊生产效率，提高饲料资源利用效率，推动肉羊生产发展，提高科学养殖水平等。该标准是科学饲养肉羊的依据，对于科学、合理地利用饲料、降低饲养成本具有极其重要意义。

第二节　肉羊的常用饲料

饲料是指能提供饲养动物所需养分，保证健康，促进生产和生长，且在合理使用下不发生有害作用的可饲物质。根据来源不同，饲料可分为植物性饲料、动物性饲料和矿物质饲料等。根据国际饲料的命名和分类的原则，按饲料特性可分为粗饲料、青绿饲料、青贮饲料、能量饲料、蛋白质饲料、矿物质饲料、维生素饲料和添加剂饲料 8 大类。需要注意的是，按农业部规定（农牧发〔2001〕7 号)，禁止在反刍动物饲料中添加和使用动物性饲料。

一、青绿饲料

青绿饲料是指自然水分含量在 60%以上的一类饲料，它包括天然和人工栽培牧草、青刈饲料作物、叶菜类饲料、树叶及水生植物等，因富含叶绿素而得名。青绿饲料青绿幼嫩，适口性好，含水量高，粗纤维较少，粗蛋白质和无氮浸出物含量较高，维生素含量丰富，消化率高，还具有轻泻、保健、改善畜产品内外品质等作用，是肉羊日粮的基本饲料。可供放牧或刈割后直接饲喂。常绿青绿饲料有青饲玉米、苜蓿、羊草、根茎和瓜类的茎叶、野生饲料等。

1. 青绿饲料及其特点

（1）含水量高，适口性好。青绿饲料水分含量比较高，如牧草的水分含量为 75%～90%，纤维素含量低，适口性好，消化率高，营养比较均衡。

（2）高蛋白质。青绿饲料中粗蛋白质含量较高。青绿饲料的氨基酸组成也优于其他植物性饲料，含有各种必需氨基酸，以赖氨酸、色氨酸的含量最高。青绿饲料叶片中叶绿蛋白的氨基酸组成近似于酪蛋白，对肉羊育肥非常有利。

（3）维生素含量丰富。每千克青草中含有 50～80 mg 胡萝卜素，B 族维生素的含量也很丰富，例如，1 kg 青苜蓿中含硫胺素（维生素 B_1）1.5 mg，核黄素（维生素 B_2）4.6 mg，维生素 B_3 18 mg。此外，还含有一定数量的维生素 E、维生素 K 等。日粮中加入约 25%的青绿饲料，基本可满足肉用绵羊对维生素的需要量。

（4）钙、磷比例适宜。青绿饲料是矿物质营养较好的来源，矿物质含量占鲜重的 1.5%~2.5%，其中含钙 0.4%~0.8%，磷 0.2%~0.35%。因此，以青绿饲料为主要来源的放牧肉用绵羊，能基本满足各种矿物质营养需要。

2. 利用青绿饲料应注意的问题

（1）合理搭配。用青绿饲料饲养肉羊时，要补充和掺入适量青干草、谷物饲料（玉米、高粱等）和蛋白饲料（豆饼、花生饼等），这样才能满足营养需要，饲养效果才能更好。

（2）适时收割青绿饲料。要适时收割，豆科牧草最适收割期为现蕾期至始花期；禾本科牧草最适收割期在孕穗初期。

（3）喂量适当。对适口性差、有异味的牧草，如串叶松香草、俄罗斯饲料菜等，初次喂时应进行训饲。肉羊经 3~5 d 训饲，能够适应后才可足量投喂。

（4）预防中毒。一防亚硝酸盐中毒。用青绿多汁饲料饲喂肉用绵羊时，不要堆积时间过长，因为腐败菌能把硝酸盐还原为亚硝酸盐，羊采食后会中毒。二防氢氰酸中毒。玉米苗、高粱苗、亚麻叶、苏丹草等因为它们含有氰苷，肉羊吃后在瘤胃内会生成氢氰酸而发生中毒。三防有机农药中毒。刚喷过农药的牧草、蔬菜及田间杂草等，不能立即饲喂，应在药效消失后才能饲喂。四防发生瘤胃臌胀病。豆科牧草由于含有皂素，肉羊一次吃得过多，易发生瘤胃胀病。

二、青贮饲料

青贮饲料是将新鲜的青绿饲料切短后装入青贮设施，经过密封、微生物发酵后，制成的一种具有特殊芳香气味、营养丰富的饲料。

1. 青贮饲料的特点

（1）原料来源广，调制方便，营养损失较少。用于青贮的原料来源广泛，如全株玉米、苜蓿、甘薯藤、花生藤、各种块根块茎、野青草、各种蔬菜等农作物。只要适时收割青贮，一般保留90%左右原料成分。

（2）适口性好，消化率高。青绿饲料经过乳酸菌发酵后，质地柔软，有酸甜清香味，适口性好。饲料经青贮后饲喂肉用绵羊，各种营养成分的消化率也有提高。

（3）能够保存青绿饲料的营养特性，不仅可以常年利用，还可长期保存，实现以丰补歉的目的，同时不受风、霜、雨、雪及水、火等自然灾害的影响。

（4）饲喂青贮饲料，可促进生长发育，还可减少消化系统和寄生虫病的发生。

2. 青贮饲料的适宜饲喂量

应经过 4~7 d 的训练，喂量应由小到大，和其他饲料配合饲喂，使之逐渐适应。如肉用绵羊每日喂量：成年羊 3~5 kg，羔羊 0. 4~0. 6 kg。同时应注意妊娠羊要少喂青贮饲料，妊娠后期停喂，冻结的要化开再喂，以防引起母羊流产。

三、粗饲料

粗饲料是指干物质中粗纤维的含量在 18%以上的一类饲料。粗饲料含有丰富的粗纤维，对促进肠胃蠕动和增强消化力有重要作用，也是肉羊的主要饲料。常用粗饲料主要包括青干草类、秸秆类等。

1. 青干草

青干草是青绿牧草在抽穗期或花期刈割后干燥而制成的。成功调制的干草，应保留一定的青绿颜色，一般水分含量 17%以下，粗蛋白质含量在 5%~13%，粗纤维含量为 30%~38%，无氮浸出物含量在40%左右，钙多磷少。每千克青干草含有消化能8 MJ左右、含胡萝卜素35 mg左右。常用的青干草包括苜蓿、草木樨、沙打旺、红豆草、羊草、老芒麦、披碱草等。

2. 秸秆类

秸秆是农作物收获后剩下的茎叶部分，粗纤维含量高达30%~35%，质地粗硬，适口性差，消化率低，蛋白质含量较低，羊不愿意采食。秸秆资源丰富，价格低廉，经过加工调制后，营养价值和适口性有所提高，仍可作为肉羊主要饲料来源。肉羊产区农作物秸秆种类以小麦秸、玉米秸、稻草、谷草、花生秧和豆秸为主。

四、能量饲料

能量饲料是指干物质中粗纤维的含量在18%以下，粗蛋白质的含量在20%以下的一类饲料。主要包括谷实类、糠麸类、淀粉质的根茎瓜果类、油脂、草籽树实类等。

1. 谷实类（禾本科籽实饲料）

有玉米、高粱、小麦、大麦等，最常用玉米作为肉羊的主要能量来源。玉米是高能量饲料，粗纤维含量极低，易被消化。但蛋白质含量较低，以玉米为主的配合饲料，必须搭配饼粕，有时还要添加蛋氨酸和赖氨酸等。玉米含有较多的脂肪，不饱和脂肪含量较高，故破碎后易腐败，不易长久保存。

2. 加工副产品（糠麸类饲料）

主要有小麦麸、米糠、大麦、玉米皮、高粱糠、谷糠、大豆皮等，其中以小麦麸与米糠最常用。其中无氮浸出物含量比籽实少，粗蛋白质含量为10%~17%，粗纤维约10%。麸皮的营养价值随出粉率高低而变化，其粗蛋白质含量可达12%~17%，B族维生素含量高。粗纤维含量也较高，质地疏松，容积大，具有轻泻的作用。米糠粗脂肪中含不饱和脂肪酸多，长期贮藏容易氧化，所以尽可能鲜喂。

3. 根茎类

主要包括胡萝卜、甘薯、马铃薯、饲用甜菜等。这类饲料的最大特点是容积大，水分含量高，可达 70%~90%，因而干物质含量低。干物质中粗蛋白质、粗纤维的含量较低，无氮浸出物含量高，且多为易消化的淀粉或糖分。

五、蛋白质饲料

蛋白质饲料是指干物质中粗纤维含量在 18%以下，粗蛋白质含量在 20%以上的一类饲料。肉羊的常用蛋白质饲料主要包括植物性蛋白质饲料、单细胞蛋白质饲料等。

1. 植物性蛋白质饲料

植物性蛋白质饲料主要包括豆科籽实、饼粕类和某些加工副产品。豆类籽实如大豆、蚕豆、豌豆等，是植物性蛋白质饲料中品质较优良的饲料。油料作物种子压榨取油后的副产品称为饼，如大豆饼、菜籽饼等；预榨、浸提取油后的副产品称为粕，如豆粕、棉粕等。豆类含有抗胰蛋白酶因子，生豆类有腥味，适口性差，故饲喂前必须炒熟。有些饼粕类含有害物质，使用前应注意去毒脱毒(如浸泡、加热)，饲喂量不可过多。

2. 单细胞蛋白质饲料

这类饲料是指由各类微生物细胞制成的蛋白质饲料，包括酵母菌、细菌、真菌和一些单细胞藻类，因此，这类饲料也称为微生物蛋白质饲料。

单细胞蛋白质饲料由于原料及生产工艺不同，其营养成分组成变化较大，主要营养特点：粗蛋白质含量较高，风干制品中含粗蛋白质一般在 50%以上；富含多种酶系，动物对其消化率较高；富含 B 族维生素，氨基酸含量不平衡。此外，酵母类单细胞蛋白质饲料一般具有苦味，适口性差，应限量饲喂。

六、矿物质饲料

矿物质饲料包括合成的或天然的单一矿物质饲料、多种矿物质混合的矿物质饲料，以及加有载体或稀释剂的矿物质添加剂预混料。这类饲料不含蛋白质、能量，只含矿物质。除食盐外，很少单独饲喂，一般做添加剂与精料混合使用，或制作成食盐砖、食盐块供羊舔食。各地缺乏微量元素的种类不尽一致，需要有针对性地补充。使用时，要控制限量，并混合均匀，防止采食过量引起中毒。

七、维生素饲料

维生素饲料指人工合成或由天然原料提纯的单一维生素或复合维生素制剂，但不包括某些维生素含量较多的天然饲料。大多数维生素都不稳定，易被氧化或易被其他物质破坏失效，因此几乎所有维生素制剂都经过特殊加工处理或包被。常用的商品维生素有纯制剂（如维生素 B_1、维生素 B_3、叶酸等）、经包被处理的制剂（又称稳定性制剂，如维生素 C）及利用脱脂米糠等载体或稀释剂制成的各种浓缩的维生素预混合饲料。维生素在饲料中的用量非常小，常以单独一种或复合维生素的形式添加到配合饲料中。

八、饲料添加剂

饲料添加剂是指在饲料加工、制作、使用过程中添加的少量或者微量物质，包括营养性添加剂、一般性饲料添加剂。

1. 营养性添加剂

营养性添加剂包括微量元素添加剂、维生素添加剂、氨基酸添加剂和非蛋白氮添加剂。微量元素添加剂的添加形式有无机盐、有机盐和蛋白盐类，目前生产中常用硫酸盐（硫酸锌、硫酸亚铁等）、盐酸盐（氯化钴等）、氧化物（氧化镁）等，其添加量应按育肥羊的营养需要添加，一般不考虑饲料中的含量和可利用率。维生素添加剂可分为脂溶性维生素和水溶性维生素两大类，按照肉羊的营养需要进行添加。目前广泛使用的氨基酸添加剂是赖氨酸与蛋氨酸，肉羊有瘤胃微生物的作用，除幼龄羔羊外，一般情况下不需要专门补给这类氨基酸。

2. 一般性饲料添加剂

一般性饲料添加剂也称为非营养性添加剂，主要包括生长促进剂、药用保健剂、饲料保藏剂和加工辅助剂等。目前生产肉羊过程中常用瘤胃素、杆菌肽锌、酶制剂、中草药添加剂、碳酸氢钠、氧化镁、稀土等。

第三节　舍饲羊的日粮配制

日粮是指满足1只羊在一昼夜所需各种营养物质而采食的各种饲料的总量。日粮配制就是根据肉羊的饲养标准和饲养营养特性，选择若干种饲料原料按一定比例搭配，使日粮能满足肉羊的营养需要。

一、日粮配制的原则

肉羊的日粮配合应参照我国的《肉羊饲养标准》（NY/T 816—2004），但因各地自然条件和肉羊品种等不同，故应通过实际的饲养效果，对饲养标准酌情修订后进行应用。在日粮配制过程中应注意以下原则。

一是根据肉羊不同饲养阶段、生产任务和日增重的营养需要量，确定合适的营养标准，科学配制日粮。

二是根据肉羊的消化特点，肉羊日粮配制应以青、粗饲料为主，适当搭配精料，体积适当，以保证能够提供足够的干物质和粗纤维含量。

三是了解饲料的特性，注意饲料原料的多样化，以起到饲料间养分的互补作用，从而提高日粮营养价值和利用率。

四是注意饲料原料的品质和适口性。对于不良特性和适口性差的原料要先进行加工处理，并限制其在饲料中的用量。

五是配合日粮要因地制宜，尽可能充分合理利用当地来源广、价格便宜的饲料原料配制日粮，要充分利用农副产品，以降低饲养成本。

六是饲料配制过程中，根据有关饲料生产的法律法规，按照标准正确选择使用饲料原料和添加剂，确保饲料产品的安全性和合法性。

二、日粮配制的步骤

1. 确定饲养标准及所用饲料养分含量

肉羊的平均体重和要求的日增重水平确定饲养标准，确定配合日粮的营养水平，并查询羊饲料营养成分表，列出所用饲料的养分含量表。

2. 确定各种粗饲料的饲喂量

粗饲料是反刍动物日粮的主体，一般粗饲料的干物质采食量占育肥羊体重的2%~3%。选定所用粗饲料种类及每只羊日喂量，以风干物质为基础，计算出各种粗饲料所提供的营养成分，并相加求总和。

3. 计算应由精饲料提供的养分量

每日的总营养需要与各类粗饲料所提供的养分之差，便需由精料来补充。

4. 确定混合精饲料的配合比例及数量

根据经验草拟一个配方，初步计算其营养成分含量，再按照试差法对不足或过剩的养分进行调整。在能量和蛋白质含量以及饲料搭配基本符合要求的基础上，再调整补充钙、磷、食盐及添加剂等其他指标。

5. 检查、调整与验证

将所有饲料提供的各种养分进行总和，如果实际提供量与其需要量相差在±5%，说明配方合理。如超出此范围，可按前面所讲的方法，适当调整个别精饲料的用量，以充分满足其需要。

6. 计算精料补充料配方

求出全日粮型饲料配方后，以风干物质为基础，计算出各种精料（包括矿物质和添加剂）在全日粮型饲料配方中所占百分比，以此为基础计算出精料补充料的配方，以便生产配合饲料。

三、日粮配制示例

现以肉羊日粮配制步骤进行示例。例如，肉羊平均体重 30 kg，预计日增重 200 g。饲喂的饲草饲料有玉米、麦麸、豆粕、菜籽粕、玉米秸粉、苜蓿草粉、磷酸氢钙、石粉、食盐、复合添加剂等原料。

查询育肥羊饲养标准表，30 kg 重的肉羊日增重 200 g 时每日营养需要量见表 4-1。

表 4-1　30 kg 重的肉羊日增重 200 g 时营养需要量

干物质采食量（kg）	消化能（MJ）	粗蛋白质（g）	钙（g）	磷（g）	食盐（g）
1.2	15.80	178	3.6	3.0	8

饲喂的饲草饲料有玉米、麦麸、豆粕、菜籽粕、玉米秸粉、苜蓿草粉、磷酸氢钙、石粉、食盐、复合添加剂等原料。确定各种原料中营养物质含量，见表 4-2。

表 4-2　原料营养成分

原料	干物质（%）	消化能（MJ）	粗蛋白质（%）	钙（%）	磷（%）
玉米	87.0	14.57	8.9	0.02	0.27
麦麸	87.0	12.22	15.7	0.07	1.43
豆粕	87.0	14.15	43.0	0.32	0.61
菜籽粕	87.0	13.19	38.6	0.65	1.07
玉米秸粉	87.0	7.14	2.5	0.01	0.02
苜蓿草粉	87.0	9.62	17.2	1.52	0.22
石粉	99.9	—	—	37.00	—
磷酸氢钙	99.9	—	—	27.90	14.40
复合添加剂	90.0	—	—	—	—

根据肉羊的消化生理特点，设定粗饲料占日粮比例为 45%，由玉米秸粉和苜蓿草粉构成（按照 2∶1）。则粗饲料提供的养分含量及精料需补充的养分含量见表 4-3。

表 4-3　粗饲料提供的养分含量

饲料名称	干物质采食量（kg）	消化能（MJ）	粗蛋白质（g）	钙（g）	磷（g）
玉米秸粉	0.330	2.57	9.00	0.036	0.072
苜蓿草粉	0.165	1.73	30.96	0.274	0.396
粗饲料提供	0.495	4.30	39.96	2.772	0.468

草拟精料补充料配方，假设精料混合料包括玉米、麦麸、豆粕、菜籽粕等原料，剩余磷酸氢钙、石粉、食盐、复合添加剂等占原料 2%，精饲料各种含量及营养情况见表 4-4。

表 4-4　精料补充料配方营养含量

饲料名称	干物质采食量（kg）	消化能（MJ）	粗蛋白质（g）	钙（g）	磷（g）
玉米	0.360	5.25	32.04	0.072	0.972
麦麸	0.120	1.47	18.84	0.084	1.716
豆粕	0.084	1.19	36.12	0.269	0.512
菜籽粕	0.072	0.95	27.79	0.468	0.770
精饲料提供	0.636	8.85	114.79	0.893	3.971
精+粗提供	1.131	13.15	154.75	3.665	4.439

将精饲料和粗饲料提供的营养物质除以干物质占比 87%，得到初拟配方提供营养成分，见表 4-5。

表 4-5　初拟配方日提供营养成分

消化能（MJ）	粗蛋白质（g）	钙（g）	磷（g）
15.11	177.87	4.213	5.102

这一结果与营养需要量相比，各项指标均接近，说明配方基本合适，但钙和磷比例应在（2～1.5）∶1为宜，可用石粉调整。经计算应加入约3.185 g石粉。

将初拟配方进一步调整后，结果见表4-6。

表 4-6　调整后的饲料配方

原料	比例（%）	营养成分
玉米	30.0	消化能 11.7 MJ
麦麸	10.0	粗蛋白质 13.68%
豆粕	7.0	钙 0.679 1%
菜籽粕	6.0	磷 0.456 7%
玉米秸粉	30.0	
苜蓿草粉	15.0	
石粉	0.6	
食盐	0.6	
磷酸氢钙	0.5	
复合添加剂	0.3	
合计	100	

第四节　饲料加工技术

饲料加工调制可保证饲料的品质，减少营养损失，增加适口性，易于消化，便于采食，提高饲料的营养价值和利用率。另外，饲料加工调制有利于开辟饲料来源，对于某些不能直接饲用的工农业副产品，通过加工调制后可变成饲料。

一、精饲料的加工调制技术

1. 粗粉碎

粗粉碎是精饲料最常用的加工方法，粗粉碎可提高饲料的适口性，增加采食量，提高羊唾液分泌量，增加反刍。

2. 颗粒化

将饲料粉碎后，根据肉羊的营养需要，进行搭配并混匀，用颗粒机制成颗粒形状。颗粒化后，饲喂方便，便于机械化操作，适口性好，咀嚼时间长，有利于消化吸收，并减少饲料浪费。

3. 压扁

压扁是将玉米、大麦、高粱等谷物加入16%的水，用蒸汽加热到120℃左右，用压扁机压成薄片，迅速干燥。压扁饲料中的淀粉经加热后糊化，消化率明显提高。

4. 浸泡

豆类、油饼类、谷物等饲料经浸泡，吸收水分，膨胀柔软，容易咀嚼，便于消化。有些饲料中含有单宁、棉酚等有毒物质，并带有异味，浸泡后毒素、异味均可减轻，从而提高适口性。浸泡时将饲料与水按1：（1～1.5）在池或缸等容器内拌匀，浸泡时间应根据季节和饲料种类而定，避免长时间浸泡引起饲料变质。

二、青干草的加工调制技术

1. 干草调制的基本原则

（1）尽量加速牧草的脱水，缩短干燥时间，以减少由于生理、生化作用和氧化作用造成的营养物质损失。

（2）在干燥末期应力求使植物各部分的含水量一致。

（3）在干燥过程中，牧草应防止雨水、露水的淋湿，并尽量避免在阳光下长期暴晒。

（4）在搂草和集草等生产环节中应当减少植物叶片及细嫩枝

（秆）折断。

2. 干草的调制方法

适当的干燥方法，可防止青饲料过度发热和长霉，最大限度地保存干草的叶片、青绿色泽、芳香气味、营养价值以及适口性，保证干草的安全贮藏。国内外青干草调制的主要方法是自然干燥法，而一些发达国家也采用人工干燥法，具体青干草调制的方法有以下几种。

（1）地面干燥法。又称田间干燥法，即牧草适时收割后，在原地或另选一地势较高处进行自然晾晒，每隔数小时翻草 1 次，以加速水分蒸发。地面干燥法是干草调制最主要的生产方式。

（2）草架干燥法。即在湿润地区或多雨季节，采用地面干燥法容易导致牧草腐烂和养分损失，故宜采用草架干燥法。即将牧草适时刈割后，先采用地面干燥法干燥 0.5~1 d，使其含水量降至 45%~50%，然后再将草按照自下往上逐层堆放，草的顶端朝里，最低的一层牧草应高出地面，不与地表接触。

（3）压裂草茎干燥法。牧草干燥时间的长短，实际上取决于茎秆干燥时间的长短。如豆科牧草及一些杂草类，当叶片含水量降低到 15%~20%时，茎的水分仍为 35%~40%，所以只有加快茎秆的干燥速度，才能缩短干燥时间。

使用牧草压扁机将牧草茎秆压裂，破坏茎秆的角质层及维管束，并使之暴露于空气中，茎内水分散失的速度大大加快，与叶片的干燥速度趋于一致。一般在良好的空气条件下，干燥时间可缩短 1/3~1/2。此法适合于豆科牧草、茎秆较粗的禾本科牧草和杂草类干草调制。

（4）化学制剂干燥法。主要针对豆科植物的干燥，即采用碳酸钾、碳酸钾加长链脂肪酸混合液、碳酸氢钠等，破坏植物体表面的蜡质层结构，促进植物体内的水分蒸发，加快干燥速度，减少豆科牧草叶片脱落，从而减少了蛋白质、胡萝卜素和其他维生素的损失。

（5）人工干燥法。即通过人工热源（牧草烘干机等）加温使饲料脱水。一般情况下，温度越高，干燥时间越短，效果越好。150℃干燥 20~40 min 即可；温度高于 500℃，6~10 s 即可。

3. 干草产品的调制

（1）草捆。为了便于运输和贮藏，利用方形或圆柱形打捆机，将收割的牧草干燥到一定程度后，把散干草打成方形、长方形或圆柱形草捆。小方草捆切面从 0.36 m×0.43 m 到 0.46 m×0.61 m，长度为 0.5~1.2 m，重量为 14~68 kg，密度为 160~300 kg/m^3。大方草捆容积为 1.22 m×1.22 m×(2~2.8) m，重 0.82~0.91 t，密度为 240 kg/m^3。圆柱形草捆，长 1~1.7 m，直径 1~1.8 m，草捆的密度为 110~250 kg/m^3，重 600~850 kg。

（2）草粉。为了便于运输、贮存和饲喂，同时为了提高饲草消化率，将干草经过粉碎工序加工成草粉。目前加工草粉多采用先调制青干草，再用青干草加工成草粉的办法，也可采用干燥粉碎联合机组，从青草收割、切短、烘干到粉碎成草粉一次制成。一般草粉密度为 300 kg/m^3。

（3）草颗粒。为缩小草粉的体积，便于运输和贮藏，用制粒机将干草粉压制成颗粒状，即草颗粒。草颗粒直径为 0.64~1.27 cm，长度为 0.64~2.54 cm，密度约为 700 kg/m^3。

（4）草块。草块指将秸秆或牧草先经切碎或揉搓后，经特制的机器压制成高密度块状饲料。压制草块的干草含水率在 12%左右，草块大小为 30 mm×30 mm×(50~100) mm，草块单体密度为 500~1 000 kg/m^3，堆积密度为 400~700 kg/m^3。

三、青贮饲料的加工调制技术

青贮是将新鲜牧草或饲料作物等原料切碎后，在隔绝空气的环境下，利用植物细胞和好气性微生物的呼吸作用，耗尽氧气，造成厌氧条件，促使乳酸菌繁殖活动，通过厌氧呼吸过程，将原料中的碳水化合物（糖类等）变成以乳酸为主的有机酸，在青贮原料中积聚起来。当有机酸积累到 0.65%～1.3%时，或当 pH 值降到 4.2～4.0 时，大部分微生物停止繁殖，由于乳酸不断累积，随之酸度增强，pH 值下降至 3.8 以下，最后连乳酸菌本身也因为受到抑制而停止活动，从而使饲料得以长期保存。青贮饲料具体的调制技术如下。

1. 原料准备

青贮饲料含水量一般在 65%～75%。青贮原料常用带穗玉米、优质禾本科牧草、农作物秸秆等，其刈割应在产量和营养成分的最高时期。禾本科牧草的最适宜刈割期为抽穗期，而豆科牧草在开花初期刈割最好，全株玉米最适收割时期为乳熟至蜡熟期。

2. 切碎

原料的切碎是促进青贮发酵的重要措施。切碎的程度因原料的粗细、软硬程度、含水量、饲喂家畜的种类和铡切的工具等不同。对羊来说，禾本科和豆科牧草等切成 2～3 cm，玉米等粗茎秆植物切成 0.5～2 cm，柔软幼嫩的牧草也可不切碎或切长一些。

3. 装填与压实

装填前，在窖底部铺 10～15 cm 厚的秸秆。原料切碎分层装填入窖内，每装填厚度为 10～30 cm，需人工或机械逐层压实，特别要注意窖周围和角落处的压实。青贮料压实程度是青贮成败的关键之一。装填时防止泥土及杂物混入。青贮窖装满后，顶部必须装成拱形，并要高出窖上边缘 1 m 左右，以防饲料下沉造成凹陷裂缝，使雨水流入窖内。

4. 密封

原料装填压实之后，应立即密封和覆盖。青贮窖密封前，在原料上盖一层 10～20 cm 切短的秸秆或干草，草上用双层塑料薄膜盖严，或直接在青贮原料上压盖塑料薄膜，再压 50 cm 左右的厚土覆盖，拍打表面，使之坚实光滑。密封后，需经常检查，发现下陷、裂缝时及时用湿土填好，以保证高度密封。

5. 开窖和取用

青贮 30~45 d 后即可完成发酵全过程，可以开封使用。青贮饲料取用时应从一端开始，取料面要平滑，尽可能缩小范围，从上层逐层平行往下取，每日取料厚度应在 15 cm 以上，取后立即盖严，防止空气进入，避免变质。

第五章　肉羊的饲养管理技术

第一节　肉羊的生长发育规律

一、胎儿期体重增长规律

胎儿身体各部位的生长特点，在各个时期是有所不同的。在胚胎发育前期，其绝对增重不大；在母羊怀孕后期，其胎儿绝对增重很大，胎儿体内的蛋白质、类脂以及矿物质均在母羊怀孕后期沉积。就组织器官发育而言，胎儿早期头部增重迅速，以后则四肢生长加快，而肌肉、脂肪发育较差。因此，刚出生羔羊的外貌特征是头大、蹄重、腿长、皮松。一般而言，公羊比母羊增重要快 10% 左右。羊胚胎发育各个时期的长度与重量见表 5-1。

表 5-1　羊胚胎发育各个时期的长度与重量

日龄（d）	长度（cm）	重量（g）	日龄（d）	长度（cm）	重量（g）
24	3.1	2.2	58	12.0	64.0
36	3.6	3.5	74	19.2	240.1
38	4.2	4.7	94	28.2	760.1
42	5.4	7.3	104	33.0	1 245.0
46	7.5	15.4	140	44.0	3 400.0

二、羔羊出生后体重增长规律

1. 哺乳期

羔羊在哺乳期（出生至断奶）体重占成年体重的28%左右。哺乳期是肉羊一生中生长发育的重要阶段，也是定向培育的关键时期。羔羊在此阶段增重的顺序是内脏—骨骼—肌肉—脂肪。羔羊在整个哺乳期，体重随年龄增加而迅速增长。羔羊从3.4 kg左右的初生重，增长到9.6 kg左右的断奶重，增长了1.82倍。

2. 育成期

一般将羊从断奶到配种前期这一阶段划为育成期，也有人主张将这一阶段划为青年期。羊的育成期为4~8月龄，其育成期的体重占成年体重的70%左右。羊在这一阶段，由于性发育已日趋成熟，此阶段增重最快，一般肉羊的日增重约为200 g。羊在此阶段增重的顺序是生殖系统—内脏—肌肉—骨骼—脂肪。

3. 青年期

一般指9~18月龄的羊。青年羊的体重约为成年羊体重的85%。羊在这一时期生长发育已接近生理成熟，体型已基本定型，生殖器官发育完全，绝对增重达到高峰，在这一时期的羊会出现生长发育的“拐点”，以后增重会逐渐缓慢。其相对增重的顺序是肌肉—脂肪—骨骼—生殖器官—内脏。

4. 成年期

一般指18月龄至8周岁。羊在这一阶段的前期，其体重还会有缓慢上升，到48月龄后，其体重的增长则不大，增重的主要部分为脂肪。

大型肉羊（如波尔山羊与南江黄羊杂交的后代）的最大日增重是在23~28 kg体重期间，而在这一体重阶段是育肥的最佳时期。

第二节　肉羊的生活习性和消化特点

一、肉羊的生活习性

1. 善于游走

羊的性情比较活泼，行动敏捷，喜登高，可在大于60°的坡地直上直下或在陡峭的悬崖边采食。当高处有喜欢吃的野草和树叶时，能将前肢攀在岩石上或树枝上，后肢直立去采食高处的野草或树叶。在放牧条件下，具有较强的游走能力和放牧性。不同品种的羊在不同牧草状况、牧场条件下，其游走能力有很大区别。

2. 合群性强

羊属于温驯、胆小，懦弱性动物。喜群居，善合群。在放牧时，即便是无人看管，羊群也不会轻易散开，单个羊只很少离群远走。羊群移动时，随领头羊而动。因此，放牧时，应特别加强对领头羊的引导、管理和控制。

3. 嗅觉灵敏、喜洁厌污

羊嗅觉灵敏，一般在采食前总要先用鼻子嗅一嗅再吃，凡被污染、践踏、霉烂变质、有异味的草料或饮水，往往宁可忍饥挨饿也不采食。因此，饲喂羊的草料、饮水，一定要清洁新鲜。

4. 喜燥恶湿

羊汗腺不发达，散热机能差，喜欢在干燥凉爽的环境中生活，常选择干燥、清洁的地方卧息。羊圈潮湿、闷热、污秽，羊只宁肯站立也不愿躺卧休息，因此，高温高湿是影响羊生产发展的一个重要原因。

相比而言，山羊较绵羊耐湿，在南方高湿高热地区，则较适于养山羊。在南方地区，除应将羊舍尽可能建在地势高燥、通风良好、排水通畅的地方外，还应在羊圈内修建羊床或将羊舍建成带漏缝地面的楼圈。

5. 性情特点

绵羊性情温驯，反应迟钝，胆小易受惊吓，是最胆小的家畜。绵羊可以从暗处到明处，而不愿从明处到暗处。遇有物体折光、反光或闪光，例如，药浴池和水坑的水面、门窗栅条的折射光线、板缝和洞眼的透光等，常表现畏惧不前。这时，指挥领头羊先进入或关进几头羊，能带动全群移动。当遇兽害时，绵羊无自卫能力，四散逃避，不会联合抵抗。

但山羊的性情比较活泼，行动敏捷，喜欢登高，善于跳跃。在羊栏内，小羊喜欢跳到墙头上甚至跑到屋顶上游动。放牧时，在山区的陡坡和悬崖上，绵羊不能攀登的地方，山羊能行动自如，正常采食。

6. 采食能力强

羊活泼好动，游牧能力、爬山能力强，并具有灵活的嘴唇和锋利的牙齿，齿利舌灵，善于采食地面矮草、灌木嫩枝，能啃食和消化各种纤维含量高的植物，采食的植物和饲料种类繁多，各种牧草、作物秸秆、藤蔓、秕壳、糠渣、嫩的树枝树叶、废弃蔬菜、瓜果，特别爱吃带苦味的灌木、半灌木及蒿属植物，还对灌木中的单宁有特殊的耐受能力。

7. 喜盐性

羊的饲养以放牧为主，由于牧草中所含的钠很少，故远不能满足其生长发育的需要。如长期缺盐，羊会出现吃毛、吃土，特别是喜欢舔墙土、岩石、啃树皮等异食癖。有经验的饲养户在饲养管理中，把舔盐或淡盐作为调节食欲和防病保健的一种手段。

二、肉羊的消化特点

（一）主要消化器官及功能

消化器官由消化管和消化腺两部分组成。消化管是食物通过的管道，包括口腔、咽、食管、胃、肠道和肛门。

口腔是消化道的起始部位，具有采食、吸吮、咀嚼、尝味、吞咽和泌涎等作用。口腔内有舌和齿等重要器官。食管是食物通过的管道，连接于咽和胃之间。羊嘴尖唇薄，上唇中央有明显的纵沟，称为人中，增加了上唇的采食灵活性，下颚有四对门齿，俗称切齿。羊利用嘴唇控制牧草或树枝，经下颚门齿与上齿龈的联合作用将牧草或树枝啃断，经臼齿稍微咀嚼后经食管送入瘤胃。而羊的门齿向外有一定的倾斜度，有利于啃食低矮的牧草及灌木枝条和树叶，并能捡拾散落地面的农作物籽实及枯枝树叶等可食的饲料及饲草。

羊为小型反刍动物。具有四个胃，即瘤胃、网胃、瓣胃和皱胃，其中前三个称为前胃，其胃黏膜没有胃腺，不能分泌胃液；而皱胃黏膜具有腺体，可分泌消化酶，机能同单胃动物的胃相似，也称真胃。

小肠为细长的管道，分为十二指肠、空肠和回肠三部分，是消化吸收营养的重要部位。一般小肠长度为 17 ~ 37 m（平均为 25 m），细长而曲折。

大肠比小肠略粗，长度仅有小肠的 1/10，不分泌消化液，主要功能是吸收水分和形成粪便。分为盲肠、结肠和直肠三部分。大肠的主要功能是吸收水分和形成粪便。食物在小肠经充分的消化吸收后，含营养物质较少的部分被送入大肠，然后在大肠内被微生物及酶的作用下进行继续的消化吸收，大部分水分被吸收后，其内容物逐渐被浓缩而形成粪便。

（二）瘤胃的作用

瘤胃具有贮积、加工和发酵食物，以及提供各种营养物质的功能，瘤胃虽不能分泌消化液，但胃壁能强有力地收缩和松弛，进行节律性的蠕动，以搅拌食物。胃黏膜上有许多乳头状突起，有助于食物的揉磨。瘤胃栖居着种类繁多、数量巨大的微生物，每毫升瘤胃内容物含细菌 10^{10} ~ 10^{11} 个，原虫 10^5 ~ 10^6 个，形成一个复杂的微生态系统。瘤胃内温度在 38 ~ 41℃，pH 值为 6 ~ 7，对微生物的繁殖非常有利，是一个高效连续的厌氧发酵系统。瘤胃微生物将一部分饲料营养物质分解、同化为自身组织，并将其代谢物排入网胃。正是由于反刍动物具有复杂的瘤胃消化功能，使羊在利用品质粗劣的饲草方面，利用效率高于非反刍动物。

1. 分解粗纤维

羊对粗纤维的消化分解，必须利用微生物产生的纤维水解酶把粗饲料中的粗纤维分解成容易消化吸收的碳水化合物，通过瘤胃壁吸收。通过瘤胃微生物对日粮营养物质的发酵、分解所得到的能量，占羊所需能量的40%～60%。羔羊的瘤胃微生物区系尚未形成，因而不能像成年羊那样大量利用粗饲料。

2. 合成蛋白质

日粮中的含氮物质进入瘤胃后，大部分经过瘤胃微生物的分解，产生氨和其他低分子含氮化合物，瘤胃微生物再利用这些低分子含氮物质合成蛋白质，以满足自身生长和繁殖的需要。随食糜进入真胃和小肠的微生物可被消化道内的蛋白酶分解、吸收，成为肉羊的重要蛋白质来源。通过瘤胃微生物的作用，把低品质的植物性蛋白转化为高质量的、更符合肉羊营养生理需要的菌体蛋白，可使日粮的必需氨基酸含量提高5～10倍。

3. 合成维生素

维生素B_1、维生素B_2、维生素B_{12}和维生素K是瘤胃微生物的代谢产物，可以在羊小肠等部位吸收利用，满足羊的需要。因而，成年羊一般不会缺乏这几种维生素。

（三）反刍

反刍是指反刍动物在食物消化前把食团吐出进行再咀嚼和再吞咽的活动。草料进入瘤胃后，未经仔细咀嚼或质地粗劣的草料会刺激瘤胃壁，引起反射性逆呕，借助瘤胃的蠕动和食管的节律性收缩，将食团从瘤胃中逆呕至口腔，经反复咀嚼后再吞入瘤胃，促进了瘤胃的机械消化和微生物发酵。

影响肉羊反刍的因素很多，如草料的种类和品质，日粮的调制方法和饲喂方式，以及气候、饥饿、饮水和羊的体况等。母羊发情、妊娠最后阶段和产后舐羔时，反刍活动会减弱或暂停。幼龄羔羊胆小，稍有干扰反刍即会停止。羊受到外界强烈刺激、过度疲劳、患病，尤其是前胃疾患，均会引起反刍的紊乱或停止。反刍停止是疾病前兆，不反刍会引起瘤胃臌气。

第三节　各类肉羊的饲养管理技术

一般来说肉羊饲养可分为羔羊、育成羊、成年羊 3 个阶段。每个阶段的生理特性和营养需要不同，饲养管理方法也各异。

一、羔羊的饲养管理

羔羊主要指出生后到断奶前处于哺乳期间的幼龄羊。羔羊时期是羊一生中生长发育最旺盛的时期，加强对羔羊的饲养管理，是提高羊群生产性能，培育高产羊群的重要措施，也是增加羊肉产量、提高羊肉品质的重要措施。

1. 早吃初乳

初乳含有丰富的蛋白质、脂肪、乳糖、维生素、铁和镁等营养物质和大量抗体，对增强羔羊体质、预防疾病和排出胎粪具有重要的作用。因此，羔羊出生后应尽早吃到初乳。如果母羊产双羔或多羔、患乳腺炎或产后死亡，应找保姆羊。否则，必须进行人工哺乳。人工哺乳可用鲜牛奶、羊奶、豆浆等，可加适量鱼肝油、胡萝卜汁、多种维生素等，并搞好人工哺乳各个环节的卫生消毒。

2. 加强护理

羔羊，特别是初生羔羊的各器官发育都未成熟，体质较弱，适应力较差，抵抗力低，容易生病，搞好护理工作是提高羔羊成活率的关键。需要注意保温御寒，合理安排哺乳时间，适当运动，增强体质。并要注意搞好环境和用具卫生，预防疾病发生。

3. 及时补饲

一般羔羊出生后 15 d 左右开始学习采食嫩草、树叶或精料，因此可在1周龄开始训练羔羊吃草料，对其进行诱饲或补饲，以刺激消化道器官发育，促进心和肺功能健全。7~10日龄时，用吊草引诱羔羊叼草。7~20日龄时，晚上母仔同圈饲养，白天羔羊留在圈内，母羊在羊舍附近草场上放牧，中午回羊舍哺乳1次。从羔羊2~3周起，应给羔羊补饲混合精料，每只每日50 g左右，并随着羔羊生长和所需营养的逐渐增多而不断增加混合精料的补饲量。1月龄后，逐渐转变为以采食为主，每5~7 d加量1次，羔羊60日龄时，混合精料的日补饲量可达到300~350 g。饲料要多样化，最好有玉米、豆饼、麦麸3种以上的混合饲料和优质干草以及苜蓿、青割牧草等优质饲料。羔羊习惯采食饲料后，可将青绿饲料或优质青干草放在草架上，任其自由采食。多汁饲料要切成丝状，与精料混拌后饲喂。在圈内安装羔羊补饲栏，让羔羊自由采食，少给勤添加。待全部羔羊都会吃料后，再改为定时、定量补料。在舍内安置足够的水槽和盐槽，也可在精料中添加0.5%~1.0%的食盐、2.5%~3.0%的矿物质。

4. 适时断奶

羔羊断奶后，有利于母羊恢复体况，准备配种，也能锻炼羔羊的独立生活能力，有的国家对羔羊采取早期断奶，如在出生后1周左右断奶，然后用代乳品进行人工哺乳，或在出生后45~50 d断奶，然后饲喂植物性饲料，或在优质人工草地上放牧。我国羔羊断奶时间各地不一，一般不超过4月龄。条件好的羊场，采取全年频密繁殖时，可在2月龄左右断奶。如果自然条件差、饲养管理粗放，过早断奶会增大羔羊的死亡率，造成不必要的损失。但断奶时间过晚（超过4月龄）既不利于羔羊的生长发育，也不利于母羊的生产和繁殖。

羔羊断奶多采用一次性断奶法，即母、仔分开后，不再合群。母羊在较远处放牧，羔羊留在原羊舍内饲养。母仔隔离4~5 d，断奶成功。断奶期间，尽量保持羔羊原有的生活环境，饲喂原来的饲料，减少对羔羊的不良刺激。羔羊断奶后按性别、体质强弱分群放牧饲养，加强补饲，饲料要求纤维素少、蛋白质质量高，日粮精粗饲料比应为6∶4，高品质的蛋白质饲料或优质青干草要占30%以上比例。

5. 加强运动

羔羊7~10日龄时，选择晴天中午把羔羊赶到活动场所进行运动，以增强体质，增进食欲，促进生长，减少疾病。30日龄后，根据牧场的远近以及羔羊的体质，单独组成小群放牧。

二、育成羊的饲养管理

育成羊是指羔羊断奶后到第一次配种期间的幼龄羊，多在4~18月龄。这一阶段正值羊生长发育时期，饲养管理是否合理对肉羊的生长发育和体型结构起着决定性作用。如果营养不良，育成羊会出现四肢高、体狭窄而浅、体重小、生长发育受阻，甚至性成熟推迟。育成羊的饲养管理，应按性别单独组群。

羔羊断奶后胃功能还不完善，对粗饲料的利用率低，日粮以精料为主，并补给优质干草和青贮多汁料，混合精料每只每日0.2~0.3 kg。随着日龄增长，应根据羊的体重及日增重调整日粮，喂给优质的富含蛋白质、维生素和矿物质的饲料。例如，精料中可多加豆粕类，配以优质干草和鲜草。育成后期，必须加强补饲。同时还应增加运动量，在运动场可补饲豆科青草、青干草或青贮饲料。

对放牧羊，夏季主要是抓好放牧，安排较好的草场，放牧距离不能太远。在冬春季节，除放牧采食外，还应适当补饲干草、青贮饲料、块根块茎饲料、食盐，添加维生素A和维生素D或鱼肝油。补饲量应根据品种、月龄和各地的具体条件而定。

三、种公羊的饲养管理

种公羊数量少，但利用价值高。在饲养管理上要求比较精细，力求保持健壮体魄、精力充沛，不能过肥或过瘦，才能在配种期性欲旺盛、精液品质良好，保证和提高种公羊的繁殖能力和利用效果。

1. 配种期种公羊的饲养管理

种公羊配种期又可分为配种准备期（配种前1~1.5个月）、配种期和配种后复壮期（配种后1~1.5个月）3个不同阶段。公羊在配种期体力消耗很大，在准备期就应逐渐增加饲料饲喂量，从配种期精料量的60%~70%饲喂量开始，逐渐增加至配种期的精料供给量。配种期公羊的放牧主要是为了达到运动的目的，营养供给应以补饲为主尽可能满足种公羊对各类营养物质的需要量。对配种或采精任务繁重的种公羊，应增加精料标准，日粮中的蛋白质要占有一定比例。配种期种公羊每日的饲料补饲量大致为混合精料0.8~1.2 kg，胡萝卜0.5~1.0 kg，禾本科、豆科混播牧草3~4 kg或青干草2 kg，食盐15~20 g。草粉分2~3次饲喂，每日饮水3~4次。在配种后复壮期，公羊的饲养水平在1~1.5个月保持与配种期相同，使种公羊能迅速恢复体重，并逐渐减少精料供给，直至过渡到非配种期的饲养标准。

种公羊在配种前2个月开始采精，检查精液品质。开始采精时，1周采精1次，继后1周2次，以后2 d 1次。到配种时，每日采精1~2次，成年公羊每日采精最多可达3~4次。多次采精者，2次采精间隔时间不得少于2 h，连续3 d休息1 d。对精液密度较低的公羊，可增加蛋白质饲料和胡萝卜的喂量；对精子活力较差的公羊，需要增加日运动量。当放牧运动量不足时，每日早上可酌情定时、定距离和定速度驱赶，增加运动量。

2. 非配种期种公羊的饲养管理

在种公羊非配种期，除供应足够的能量饲料外，应注意补饲蛋白质、维生素和矿物质。适宜的饲草有苜蓿草、三叶草、花生秧等。精料有玉米、麸皮、豆饼、黑豆等。每日补给混合精料0.4 kg，干草2~2.5 kg，青贮饲料2 kg，块茎饲料0.5 kg。在夏季，让公羊多采食青草，一般不需要补饲。春夏过渡时，先减干草，后减精料，长年补给蛋白质饲料食盐。在天气好时坚持适当的放牧和运动，每日运动时间 4~6 h。

四、母羊的饲养管理

母羊是羊群发展的基础，饲养管理质量关系到羊群的品质与发展速度。繁殖母羊的饲养管理可分为空怀期、妊娠期和哺乳期 3 个阶段。

1. 空怀期母羊的饲养管理

空怀期饲养目标是让母羊恢复体况，达到满膘配种。由于各地产羔季节安排的不同，母羊空怀期长短各异，如年产 1 胎时，母羊的空怀期一般为 5~7 个月。在配种前 1~1.5 个月，应安排繁殖母羊在较好的草地放牧，促进抓膘，使母羊在繁殖季节能正常地发情配种。对体质瘦弱的母羊，要单独组群，给予短期补饲，每日补精料 200~300 g，使其快速恢复体况。尽可能给母羊提供足量的青绿饲料，使母羊获得丰富的蛋白质、维生素和矿物质，促进卵巢功能活动，卵泡成熟数目增加，发情整齐，排卵数多，利于产双羔或多羔。羊群膘情一致，有利于母羊集中发情、配种、产羔，有利于提高劳动效率、降低生产成本。

2. 妊娠期母羊的饲养管理

羊的妊娠期约 5 个月，可分为妊娠前期（3 个月）和后期（2 个月）两个阶段。妊娠前期胎儿增重较缓慢，所需营养与空怀期基本相同。夏秋季节，通过加强放牧基本能满足母羊的营养需要。随着牧草的枯黄，除放牧外，必须补饲，每只每日补饲优质干草 1.0~2.0 kg 或青贮饲料 1.0~2.0 kg。妊娠后期胎儿生长迅速，母羊的物质代谢强度急剧增加，对蛋白质、维生素和矿物质的需要量增加。这一阶段需要给母羊提供营养充足、全价的饲料。根据母羊放牧采食情况，每日可补精料 0.45 kg，青干草 1~1.5 kg，青贮料 1 kg，胡萝卜 0.5 kg，添加蛋白质饲料在管理上，仍必须坚持放牧，每日游走 5 km 以上。母羊临产前 1 周左右，不得远牧，以便分娩时能回到羊舍。在放牧时，做到慢赶、不打、不惊吓、不跳沟、不走冰滑地，出入圈不拥挤。避免羊吃冰冻饲料和发霉变质饲料，减少青贮饲料喂量。早晨空腹不饮冷水，忌饮冰冻水，以防流产。

3. 哺乳期母羊的饲养管理

母羊的哺乳期可分哺乳前期（1.5～2 个月）和哺乳后期，(1.5~2 个月）两个阶段，补饲重点应在前期。

泌乳前期，母羊对蛋白质和矿物质的需要量比妊娠期还要大，需要补充蛋白质、钙、磷，多喂青绿饲料、多汁饲料和富含蛋白质、维生素和矿物质的蛋白质饲料，并注意增加母羊的运动。在我国北方地区，母羊的哺乳前期一般正处于早春枯草期，放牧条件差，仅靠放牧难以满足泌乳的需要，必须补饲草料。补饲量应根据母羊体况及哺乳的羔羊数而定。产单羔的母羊每日补精料 0.3~0.5 kg，青干草、苜蓿干草各 1 kg，多汁饲料 1.5 kg。产双羔母羊每日补精料 0.4~0.6 kg，苜蓿干草 1 kg，多汁饲料 1.5 kg。

哺乳后期母羊泌乳力下降，应以放牧为主，补饲为辅。补饲水平要根据母羊的体况作适当的调整，体况差的多补，体况好的少补或不补，高产母羊每日应补给 0.4～0.5 kg 精料。母羊数量多时，在羔羊断奶后，可按体况对母羊重新组群，分别饲养，以提高补饲的针对性和有效性。

第四节　肉羊的日常管理技术

一、捉羊

捕捉羊只是羊管理上常见的工作。有的人捉毛扯皮，往往造成皮肉分离，甚至坏死生蛆，造成不应有的损失。正确的捉羊方法是：把羊捉住后，人站立在羊的右侧，右手由羊两腿之间伸进托住胸部，左手先抓住左侧后腿飞节，把羊抱起，再用胳膊由后外侧把羊抱紧。这样羊能紧贴人体，抱起来既省力，羊又不乱动。

二、导羊

导羊就是使羊前进的方法。导羊人站立在羊的左侧，用左手托住羊的颈下部，用右手轻轻搔羊的尾根，羊便会向前走动。人也可站立在羊的右侧，导羊前进。

三、编号

羊只的编号是育种工作中不可缺少的环节，同时也便于识别，编号后可以记载血统、生长发育、生产性能等。临时编号一般多在出生后进行，永久编号在断奶或鉴定后进行，所采用的方法依据羊群大小和饲养者的喜好而定。经常使用的标记方法有剪耳法和耳标法。

（一）剪耳法

一般用于规模不大的种羊场。使用剪耳钳在羊耳朵边缘剪上缺刻来表示，编号方法可根据实际情况确定，应便于记忆。剪耳时应尽量避开血管，耳号钳也应用酒精消毒，少量的流血不必担心，剪耳后用5%碘酊涂擦缺口。

（二）耳标法

大面积进行杂交改良和羊只鉴定时，由于羊只数量很大，不便使用工作量较大的编号方法，因此可在耳标上打上年代和顺序号，然后用打孔机在耳朵上打孔，装上并固定好耳号。在羊只耳朵上打孔时，应保定好，尽量避开血管，若有出血现象，应充分消毒以防感染。耳标法编号顺序一般是年份在前，序号在后，如1997年出生的第十二只羊，可编号为97—12，公母羊可分开编号。

四、称重

体重是衡量羊生长发育的重要指标，也是检查饲养管理工作的主要依据之一，应及时准确地进行。一般羔羊出生后，在被毛稍干而未吃乳前就应称重，称为初生重，除了应称初生重外还应称断奶重、配种前体重、周岁体重、2 岁体重、成年体重、产前体重和产后体重等，称重一般在早晨空腹进行。

五、断尾

断尾仅针对长瘦尾型的绵羊品种而言，如纯种细毛羊、半细毛羊。目的是保持羊体清洁卫生、保护羊毛品质和便于配种。羔羊应于出生后 7~15 d 内断尾，断尾方法有热断法和结扎法。

六、去角

羔羊去角是肉羊饲养管理的重要环节。有角容易发生创伤，不便于管理，个别性情暴烈的种公羊还会攻击饲养员，造成人身伤害，因此采用人工方法去角十分重要。一般在羔羊出生后 7~10 d 内去角，对羊的损伤小。人工哺乳的羔羊，最好在学会吃奶后进行。有角的羔羊出生后，角蕾部呈漩涡状，触摸时有一较硬的凸起。去角时，先将角蕾部分的毛剪掉，剪的面积要稍大一些（直径约 3 cm）。去角的方法主要有烧烙法和化学法。

第六章　肉羊育肥技术

第一节　肉羊育肥方式

一、根据饲养方式育肥

根据饲养方式可将肉羊育肥划分为放牧育肥、舍饲育肥和半舍饲半放牧育肥三种育肥方式。

（一）放牧育肥

放牧育肥是肉羊育肥最廉价而又实用的饲养育肥方式。在饲草资源丰富的山区、半山区、丘陵地区以及广大的草原地区，提倡肉羊春季、夏季和秋季放牧育肥。

1. 放牧育肥优点

（1）有利于降低肉羊的饲养成本。肉羊放牧可使廉价的天然牧草资源得到转化和利用。肉羊在放牧的条件下饲养，可使饲料和人工工资等方面的费用比肉羊舍饲低50%~70%。

（2）有利于改善肉羊的健康状况、繁殖性能和产品品质。肉羊进行适当地放牧运动，有利于肉羊的身体健康和繁殖性能的提高。

（3）有利于天然牧草的再生。牧草的衰老组织被放牧的肉羊采食，有利于牧草的再生。另外当肉羊采食了牧草的顶端后，牧草会发生超补偿生长。肉羊的合理放牧还可以刺激被采食牧草的种子产量、生物学产量、无性繁殖器官的数量、分蘖密度等的增加，从而增加了牧草的生产力、寿命和繁殖潜力。

（4）有利于营养物质的再循环。放牧时，大部分被肉羊采食的植物组织均是以粪尿的形式返还给草地，加速了土壤的养分循环，有利于营养物质的再生。

（5）有利于维持生物的多样性。肉羊对牧草的合理啃食会促进牧草植被的长期茂盛，并可维持草场生态系统生物物种的多样性，如疏林区的繁茂牧草不被肉羊利用，不仅会造成牧草资源的浪费，而且容易滋生病虫害，且繁茂的牧草更是草场发生火灾的根源。肉羊在牧场上适度地啃食还能使牧草的有害虫类的危害比例下降。

2. 正确处理肉羊放牧与生态环境保护

（1）要控制好牧场的载畜量（放牧量）。肉羊在自然植被上放牧，若草场利用率超过产草量 50%时，会引起牧草环境的破坏，肉羊喜食的优良牧草会逐渐减少，甚至会消失，而肉羊不喜食或不宜食用的杂草、毒草则会相应地增多。反之，如果牧草的利用率低于 40%时，不仅草场植被的组成与产量均将有所改善而且能够获得较高的养殖效益。

（2）发展季节性羔羊肉生产。每年冬季和早春出生的羔羊，可以有效地利用夏秋季节生长旺盛的牧草，实现羔羊较快的生长速度。也可采取放牧加补饲、或放牧饲养加短期舍饲育肥等方法，使羔羊在寒冬季节到来之前，其育肥体重达到上市的标准。

（3）实现肉羊养殖良种化。在我国地方肉羊品种中，绝大多数均表现生长缓慢，饲养周期长，羔羊不能当年育肥出栏，养殖效益低，造成牧草资源的极大浪费。而大多数良种肉羊品种如波尔山羊 6 月龄体重即可达到 30 kg 以上，而此时上市的羔羊不仅可为市场提供具有竞争优势的优质羔羊肉，还可节约大量的饲料资源减轻草场的放牧压力。

（4）大力发展人工草场。虽然天然草场作为可更新的自然资源具有较大的生产潜力，但人工草场上的载畜量、单位草场的肉产量、单位草场的肉质量均大大高于天然草场。而草地畜牧业发达国家的经验是人工草场的面积占天然草地面积的10%。畜牧业生产力比完全依靠天然草地增加一倍以上。因此，人工草地的数量和质量已成为畜牧业现代化的重要标志之一。

3. 肉羊放牧育肥方式

可依据草场的面积、地形、植被状况、放牧季节和羊群的大小等决定肉羊育肥方式，其主要形式有3种。

（1）围栏放牧。根据草场的地形将肉羊的放牧场地用铁丝和木栏围起来，在一个围栏内，根据牧草所提供的营养物质数量，结合肉羊的营养需要，安排一定数量的羊群放牧采食。羊群在围栏内放牧采食一段时间后，再驱赶到另一围栏内放牧。

（2）小区轮牧。指在划定肉羊季节草场的基础上，根据牧草的生长状况、草地生产力、羊群的营养需要和寄生虫的危害情况，将肉羊的放牧场地划分为若干个小区，羊群按一定的顺序在小区内进行轮回放牧。一般来说，在温暖地区和温暖季节放牧肉羊适宜采用短期轮牧，在寒冷地区和寒冷季节，则适宜采用长期轮牧。肉羊在短期轮牧时，一般春季为10～15 d，夏季为20～30 d，冬季为30～40 d；肉羊在长期轮牧时，其春、夏、秋、冬季节分别为21～30 d、10～35 d、60～70 d和80 d以上。在确定肉羊放牧周期的天数之前，应事先确定好草场的产草量，然后再确定肉羊的放牧数量和轮牧周期。

（3）自由放牧。一般是在草场缺乏的农区或半农区的小群肉羊放牧所采取的主要形式。

（二）舍饲育肥

舍饲育肥是用于肉羊进行强度短期育肥的主要方法，也是农区利用农作物秸秆发展养羊业的主要生产模式。其优点是可对肉羊进行精心的饲养管理，避免不良生态环境的影响，有利于对育肥羊群区别生理阶段、生产水平进行饲养管理，在舍饲的饲养条件下，可参照饲养标准，科学地搭配饲料，进行增重目标管理，提高饲料报酬、日增重和肉羊的胴体品质。其缺点是一次性建造羊舍的投资较大。饲草、饲料的费用较高。

(三) 半舍饲半放牧育肥

半舍饲半放牧育肥是指在牧草生长旺盛的季节，实行白天放牧，早晚给肉羊补饲干草和混合精饲料，枯草季节实行舍饲饲养的一种饲养方式。肉羊实行半舍饲半放牧的育肥方式，既可以节约饲养成本，又可以对肉羊实行全价饲料饲养，从而有利于提高育肥肉羊的日增重和胴体品质，是一种较好的肉羊育肥方式。

二、根据生长阶段育肥

肉羊的生长阶段是从受精卵开始，到生长停止的整个生命过程，根据肉羊不同生长发育阶段的特点，可将肉羊的生长阶段划分为胎生期、哺乳期、育成期、育肥期、成熟期和生长停止期。由于肉羊的育肥方式和屠宰时期的不同：有育肥 3~4 月龄进行屠宰的小肥羔生产；有育肥 6 月龄左右的肥羔生产；也有育肥 10 月龄左右的青年羊育肥，以及不同性别的理想育肥、普通育肥和老年羊育肥。

三、根据饲料类型育肥

(一) 液态型

欧美一些发达国家利用乳汁或人工液体饲料饲养初生至 4 月龄前后的羔羊，在此期间，利用瘤胃沟反射，直接将液体饲料投放到真胃和小肠，不饲喂饲草和精饲料，生产所谓的“白色羊肉”。这种羊肉肉质细嫩，芳香多汁，是一种价格昂贵的羊肉（其价格是普通羊肉的 3~4 倍）。

(二) 精料型

大量地利用谷物类精饲料育肥肉羊，其饲料的精粗比达到 7∶3 以上。这种育肥方式多见于肉羊的强度育肥期。该育肥方式多见于日本以及欧美一些谷物生产过剩和价格低廉的发达国家。这种育肥方式可使肉羊的生长发育加快，日增重提高，育肥的肉品品质好。但该种育肥方式耗费精饲料过多，饲养成本高，且易引起育肥羊发生瘤胃积食和瘤胃酸中毒。

（三）粗料型

大量地利用青粗饲料育肥肉羊。该种育肥方式常见于我国地方品种肉羊的育肥饲养。近年来，我国在农区大力推广农作物秸秆氨化、微贮或青贮处理技术，有效地提高了农作物秸秆的营养价值，对肉羊育肥取得了较好的效果。

（四）精粗混合型

在肉羊的育肥过程中，前期充分利用青、粗饲料喂养，为育肥肉羊打好基础。后期利用大量的精饲料对肉羊进行短期育肥，这种前粗后精的育肥方式是我国大部分养殖场（户）所采用的方法，该方法比较符合反刍动物肉羊的生理要求，也比较经济实用，且育肥肉羊的肉品品质较好。

四、根据营养水平育肥

（一）高营养型饲料育肥

即在肉羊强度育肥期间，采用高能量、高蛋白质的高营养水平饲料，日粮组成多以精饲料为主，肉羊在强度育肥期间其精饲料提供的营养物质占整个育肥期间的70%左右。

（二）中营养型饲料育肥

即在肉羊的半放牧半舍饲育肥期间，采用放牧加补饲的中营养水平饲养，一般肉羊在育肥期间的精饲料补饲量占肉羊体重的1%左右。

（三）低营养型饲料育肥

在我国的一些肉羊地方品种和肉用改良品种（早熟品种）的饲养过程中，常采用此种育肥方式。这种育肥方式主要是大量地利用青粗饲料和农作物秸秆育肥肉羊，推行农作物秸秆氨化、微贮或青贮处理后饲喂肉羊，在肉羊的育肥过程中，基本不饲喂精饲料或很少使用精饲料。这种肉羊育肥方式虽然饲养成本低，但肉羊增重缓慢，育肥期长，且育肥肉羊的肉品品质也较差。

五、根据体重大小育肥

不同体重的肉羊，其所需的营养物质不尽相同。根据其饲养标准，科学地配合全价日粮进行育肥，是一种比较科学的肉羊饲养方式。

六、根据日增重育肥

处于不同生理阶段的肉羊，其日增重强度也不尽相同。根据不同生理阶段肉羊的生长和发育的强度，在维持肉羊饲养的基础上，提供肉羊日增重的营养需要，进行日增重目标饲养，也是一种比较科学的肉羊饲养方式。

七、根据季节育肥

我国地域辽阔，南北地区气温相差较大。牧草的生长与枯萎在南北地区均呈现出规律性的变化。因此在不同的季节，对肉羊采用不同的育肥饲养方式。如在酷热的夏秋季节需要注意肉羊的防暑降温，肉羊可实行露天散养为主；在寒冷的冬春季节，需要注意肉羊的防寒保暖，肉羊可实行暖棚或舍饲饲养为主。除此之外，肉羊的日粮组成也有所不同。

八、根据系养方式育肥

根据肉羊的系养方式不同，可将肉羊育肥划分为单槽育肥、群饲育肥和拴系育肥三种方式。有条件的养殖场（户）提倡肉羊单槽饲养和拴系饲养育肥，这两种方式避免因肉羊个体之间的大小、强弱而发生争食抢斗，有利于提高肉羊的日增重。

九、根据光照强弱育肥

根据肉羊育肥时期的光照强弱，可将肉羊的育肥划分为暗室育肥、弱光育肥和强光育肥三种方式。强光可刺激肉羊的生长激素和甲状腺素的分泌，从而有利于肉羊的肌肉和骨骼的生长。因此，肉羊在育肥前期，则提倡多晒太阳。肉羊进入育肥后期后，则提倡暗室和弱光饲养，这样可减弱光照对肉羊机体甲状腺等内分泌的刺激，减少激素分泌，有利于肉羊肌肉中脂肪的渗入，形成“大理石”花纹，有利于提高育肥肉羊的肉品品质。

第二节 影响肉羊育肥的因素

一、品种

肉羊的品种不同，其增重的遗传潜力也不同，如一些大型的肉羊品种（如波尔山羊）的日增重可达到 200 g 以上，我国的一些普通的地方肉羊品种的日增重仅为 60 g 左右。目前我国尚无专门的肉羊品种，为了提高我国肉羊的育肥水平，必须大量地利用国内外一些肉用羊品种，如波尔山羊等进行杂交改良，其杂交一代羊的日增重平均可提高 80%以上。

二、营养水平

育肥肉羊的营养水平不同，育肥效果也不尽相同。用 3~4 月龄的波黄杂交一代羊作育肥试验，在高营养水平的饲养条件下，其日增重可高达 380 g 以上，而中营养水平的日增重只有 180 g 左右，低营养水平的日增重更低，仅有 80 g 左右。

三、饲料类型

育肥肉羊的饲料类型不同，育肥效果也不尽相同。以波黄杂交一代羊进行育肥，以青粗饲料为主的日粮，其日增重仅有 120 g 左右，而以精饲料为主的日粮，则日增重可高达 380 g。除此之外，肉羊的日粮搭配也对其胴体组成有很大的影响，用优质青干草加上麸皮、饼渣搭配的日粮饲喂育肥的肉羊，其胴体中肌肉所占的比例要高于以谷物类饲料为主的肉羊，且育肥肉羊肉品中的脂肪比例也远远低于以谷物类饲料为主的肉羊。另外，谷物类饲料的粉碎细度也影响肉羊的育肥效果，用整粒或压扁的玉米饲喂肉羊，其日增重比用细粉玉米育肥肉羊的效果高 10%左右。且因饲料在肉羊瘤胃中停留的时间短，减少了谷物类饲料在瘤胃中发酵的营养物质损失，增加了过瘤胃淀粉的数量，提高了瘤胃液的 pH 值，有助于精饲料和粗饲料的消化吸收，改善肉羊的生产性能和饲料的利用率。因此，在羔羊和青年羊的育肥过程，提倡将玉米压扁后再给肉羊饲喂。

四、年龄

肉羊的育肥年龄不同，育肥效果也不相同。波黄杂交一代羊进行育肥，在肉羊强度育肥的条件下，1 月龄左右肥羔的屠宰分析，其肌肉占 70%左右，脂肪占 9%左右，骨占 18%左右；在 8 月龄左右时，则肌肉占 64%左右，脂肪占 12%左右，骨占 17%左右；在 12 月龄左右时，则肌肉占 63%左右，脂肪占 23%左右，骨占 14%左右；在 16 月龄左右时，则肌肉占 60%左右，脂肪占 27%左右，骨占 13%左右；在 18 月龄左右时，则肌肉占 58%左右，脂肪占 29%左右，骨占 13%左右；在 24 月龄左右时，则肌肉占 56%左右，脂肪占 33%左右，骨占 11%左右。由此可见，随着肉羊年龄的增长，其肉羊的肌肉、骨骼所占的比例越来越低，而脂肪所占的比例则越来越高。

五、性别

肉羊的不同性别对育肥效果有很大的影响，育肥强度最大的是 6 月龄左右的公羊，其次是阉羊，最后是母羊。当公羊进入性成熟后，由于阉割摘除了性腺，缺乏雄性激素对肌肉以及骨骼生长的有效刺激，因此阉割可使肉羊的生长强度降低 15%左右。但是阉割可使肉羊的脂肪沉积率增加，特别有利于脂肪渗入肌肉内，形成高档羊肉。

六、季节

不同的季节对肉羊的育肥效果有影响。最适合于肉羊育肥的季节为春秋季节。春秋季节气温适宜，各种牧草生长旺盛，饲草充足，肉羊的采食量大，有利于肉羊的增重。肉羊在露天饲养的条件下，春秋季节肉羊的增重比冬春寒冷季节高14%左右，比夏季高温季节高8%左右。肉羊最适宜的育肥温度为26℃左右。在冬春寒冷季节气温较低，不利于肉羊的育肥增重，但在很多地方，为了减少肉羊在冬春寒冷季节掉膘，养殖场（户）常采用塑料暖棚育肥肉羊，由于塑料暖棚内温度较高，肉羊的育肥效果也得到了明显的提高。

第三节　影响羊肉品质的因素

一、影响羊肉品质的内在因素

（一）肌纤维直径、密度和类型

羊肉的嫩度是指肌肉易切割的程度。肌纤维直径越粗，单位肌肉横断面积内肌纤维的数量越多，切断肌肉所需的剪切力就越高，羊肉的嫩度也就越小。肉羊不论屠宰活重或日龄大小均是肌纤维越细者肉质越嫩。肉羊屠宰后僵直肌肉的肌节长度与肉品嫩度也呈正相关。

（二）结缔组织含量和组成

结缔组织的含量也影响羊肉的嫩度。肌肉中结缔组织增多，则羊肉的嫩度下降。老龄肉羊的结缔组织交联增长多，故肉质粗糙；青年公羊肉品中结缔组织含量也较高，公羊肉的肉品质比阉羊肉的要差。

（三）肌肉脂肪含量

肌肉脂肪含量对羊肉的风味影响较大，对羊肉的嫩度也有一定的影响。具有正常品质的羊肉，其嫩度随肌肉内脂肪含量的增加而呈现出从最差到中等水平的明显改善，如脂肪继续增加，则嫩度不会再继续改善，有时甚至还会下降。因为肌肉内脂肪含量过多可能会降低结缔组织的物理强度，从而使羊肉的感观品质、风味以及嫩度均下降。如老龄肉羊肉品的脂肪过多，其肉品的嫩度变异则较大。

（四）肉羊身体部位

肉羊身体不同部位的肉品嫩度不同，如肉羊后腿肉比其他部位的肉其嫩度要差，这是由于蛋白水解酶的含量或活性不同所致。蛋白水解酶的含量及活性对肉品嫩度的改善程度起决定性作用，特别是蛋白水解酶 I 的含量和活性越大，肉品的嫩度也越大。

（五）游离钙、锌、镁离子的浓度

肉品中钙离子的浓度直接影响肉品中的蛋白水解酶活性，钙离子浓度越高，蛋白水解酶活性越大，则肉品的嫩度就越高。锌离子是蛋白水解酶的封闭因子，锌离子浓度升高会导致肉品的嫩度下降。在活体肉羊的肌肉中，镁离子与钙离子有拮抗作用，从而影响了肉品中生化反应过程，所以对肉品的嫩度也有一定的影响。

（六）肌糖原含量

羊肉中肌糖原含量影响其肉品的最终 pH 值，所以也影响肉品的嫩度。羊肉中肌糖原含量过高，则肉品的终点 pH 值偏低，嫩度往往较差；羊肉中肌糖原过少，则终点 pH 值偏高，易导致肉品色泽暗红、质地粗糙，切面干燥，这是羊肉中最常见的次品肉。肌肉中肌糖原含量与肉羊的类型及屠宰前状况有关。

（七）大理石纹理状况

羊肉肉品的大理石纹理结构影响肉品的感官指标，大理石纹理结构越好，剪切力越低，则嫩度越高，越多汁，但与风味关系不大，在对肉品的嫩度尚难以进行直接评价时，其肉品的大理石纹理是对肉品嫩度和其他质量指标进行感官评定的重要参数。

二、影响羊肉品质的其他因素

（一）肉羊的品种

不同品种的肉羊其肉品品质有一定的差异。对肉羊的基因型研究表明，肥臀羊的饲料转化效率和屠宰率高，眼肌面积增大，腿肉丰满，整个后躯的产肉量高，但其肉品的嫩度、多汁性和总体口感均较差。这种现象是由于肥臀基因导致肌肉中蛋白水解酶抑制剂活性提高，影响蛋白质的降解速度，使肉羊在屠宰前蛋白质合成速度加强，出现肥壮现象；但屠宰后羊肉的成熟速度放慢，则嫩度下降。

（二）肉羊的性别

一般公羊生长较快，饲料转化率高，胴体脂肪少而肌肉多。公羊肉的嫩度变化较大，剪切力比母羊肉高。这是因为公羊肉的蛋白水解酶抑制剂活性比母羊肉高，公羊肉的肉品嫩度低于阉羊肉也是同一道理。

（三）肉羊的年龄

一般幼龄羊肉的膻味小，嫩度高；老龄羊肉的膻味大，色泽差，嫩度低而变异大。这是由于羔羊肉的脂肪含量低，因此，脂肪氧化水平也较低，脂类氧化不仅产生异味，而且使不饱和脂肪酸、脂溶性维生素和色素含量下降，表现色泽变浅。老龄羊肉嫩度较差是由于其组织交联增多所致，也可能与蛋白水解酶抑制剂活性有关。在国外，屠宰场是按照肉羊胴体的质量来定价的，屠宰率为48%~50%、胴体重为16~20 kg的绵羊肥羔价格最高，胴体重为10 kg左右的肉羊乳羔价格最高。

（四）肉羊的营养水平和饲养制度

一般认为，粗饲料饲喂的肉羊肉质不如精饲料饲喂的肉羊肉质。这是由于饲喂高能量日粮的肉羊生长快，蛋白质的合成加速，转化率提高，影响胶原蛋白的含量。可溶性胶原蛋白的比例越高，其肉品嫩度可能越高。无论环境温度如何，放牧羊肉比舍饲羊肉嫩度低，肉羊在屠宰前舍饲育肥有利于羊肉品质感官性状的改善。

（五）肉羊饲料的成分含量

1. 维生素 C

维生素 C 参与体内氧化反应，有抗应激、缓解肉羊屠宰后 pH 值下降速度的功效。因此，在日粮中补充大量的维生素 C 可通过缓解肉羊屠宰后肌肉 pH 值的下降速度，而改善其肉品品质。

2. 维生素 D_3

维生素 D_3对肌肉钙水平有刺激性效应，因而可提高肌肉中蛋白水解酶活性，促进肉品的嫩化。

3. 维生素 E

肉羊日粮中添加维生素 E 可以明显地提高其瘦肉的色泽、风味和货架寿命。

4. 钙

钙离子可参与屠宰后肉品的熟化过程。

5. 镁

镁能降低由钙产生的神经肌肉刺激和减少神经冲动引起的乙酰胆碱的分泌，也能降低神经末梢和肾上腺儿茶酚胺的释放，而儿茶酚胺可减少肌肉糖酵解，从而减少肉羊的应激，提高肉羊的肉品品质。

6. 硒

硒可以防止细胞膜的脂质结构被破坏，保持细胞膜的完整性，硒是谷胱甘肽过氧化物酶（GSH-Px）的必要组成成分。谷胱甘肽过氧化物酶能使有害的脂质过氧化物还原成无害的羟基化合物，使过氧化物分解，避免细胞膜结构和功能遭受破坏，减少肌肉渗出汁液，提高羊肉品质。

7. 铬

铬是葡萄糖耐受因子（GTF）的成分。葡萄糖耐受因子可提高胰岛素的活性，也可通过改变皮质醇的产量和胰岛素的活性而影响肉羊对应激的反应。应用有机铬可减轻发生在运输中和转运场所的应激作用，增加肌肉中的糖原贮量，从而减少不良肉品的发生。大量的研究表明，铬可以增加瘦肉率、降低脂肪含量、改善胴体品质、提高羊肉品质。

8. 铁

铁是血红蛋白和肌红蛋白的重要组成成分，对羊肉肉色的形成有决定作用。铁可通过促进其他一些氧化启动因子的形成而起到直接或间接的催化作用。饲料中铁含量过高，不仅使肌肉的颜色变得过深而不受消费者欢迎，而且加速肉品的氧化酸败过程。因此，应适当的控制肉羊饲料中的含铁量。

（六）肉羊的药物残留

许多抗生素药物和抗寄生虫药物均可在肉羊体内残留较长时间，如肉羊在屠宰前不严格执行休药期制度，则影响肉羊的卫生指标。

（七）肉羊的宰前状态

肉羊宰前状态包括宰前健康状况以及运输、休息或应激所致的生理状态。一般肉羊营养缺乏性疾病不仅可导致肉羊屠宰后的胴体感官评分下降，还可造成羊肉组成成分的变化，如肌间脂肪含量下降。肉羊严重病症（如传染病）还可导致羊肉的废弃。肉羊宰前应激可引起肌糖原浓度下降，乳酸浓度上升，从而影响羊肉的质量。如肉羊在屠宰前发生强应激，可大大提高血液中儿茶酚胺类激素的浓度，使刚屠宰后的羊肉肉品酸化速度加快，温热和酸化共同作用使肌肉蛋白强烈变性，并发生收缩，失去持水能力，形成白肌肉（PSE）。

（八）肉羊屠宰后影响因素

1. 成熟条件

一般新鲜羊肉不适宜加工，因此，必须对羊肉肉品进行冷却以改善肉品的嫩度。为了保持羊肉的鲜嫩度，速冻前需要在0~2℃的冷却间内冷却。否则，羊肉的嫩度会下降。

2. 烹调方法与温度

羊肉的嫩度受烹调方法、烹调温度和烹调程度的影响。羊肉在卤煮时，由于其肉温较高，超过了肌肉蛋白变性收缩的温度，有利于肌纤维的热破坏作用，所以，羊肉的嫩度一般随温度升高而增大。羊肉在烤制时，其肉品内部的实际温度并不是很高，通常以肉品中心温度达到60~80℃为终点温度，这时，肉品的嫩度随肉品中心的终点温度升高而下降。因此，为了保证羊肉在烤制时肉品卫生，通常以70℃左右的肉品终点温度为佳。

三、影响羊肉风味的因素

（一）饲料

1. 饲喂有异味的饲草

肉羊饲喂有异味的饲草如草木樨、沙打旺、箭筈豌豆等生物碱含量较高的牧草，其羊肉通常带有苦味。葱、蒜或大根葱带有臭味，韭菜或山韭菜也带有异味，肉羊采食后也会使羊肉带有不良异味。

2. 饲喂有异味的添加剂

肉羊在育肥后期使用尿素或氨化饲料则可使羊肉带有氨味。

（二）药物

在肉羊屠宰前，口服或注射带有异味的药物（如樟脑）会影响羊肉的味道。

（三）肉羊的性别

一般情况下，公羊肉膻味较重。这是因羊肉中的膻味是由脂肪组织中的雄烯酮和粪臭素引起的。其雄烯酮来源于睾丸，属于睾丸类固醇，具有尿膻味；其粪臭素是后肠内微生物降解色氨酸产生的挥发性化合物。由于公羊的代谢能力较强，肠道细胞的新陈代谢较快，所产生的细胞碎片是后肠粪臭素合成所需色氨酸的来源，性激素可抑制肝脏合成降解粪臭素的酶，所以，公羊降解血液中粪臭素的能力较低，其肉品的膻味也较重。

四、提高羊肉品质的措施

（一）选择优良肉羊品种，开展杂交改良

养殖场（户）选择具有生长速度快、饲料报酬高的肉羊品种，对地方肉羊品种进行杂交改良，以加快羔羊生长的育肥速度，以肥羔肉代替成年羊肉。

（二）加强肉羊的饲养管理

1. 采用肉羊短期育肥技术

通过改变肉羊的日粮组成，提高肉羊屠宰后的胴体感官评分和肌纤维嫩度。

2. 在肉羊饲料中添加具有芳香味的中草药添加剂

根据肉羊饲喂试验，由甘草、白术、苍术、茴香、草豆蔻、麦芽、地榆、藿香、厚朴、丁香、艾叶等中草药配合的中药制剂，添加于肉羊的饲料中，可有效地提高羊肉的肉品品质；在肉羊饲料中添加0.2%~0.3%杜仲粉，可促进肉羊肌纤维的发育，提高肌肉中胶原蛋白的含量，使羊肉的肉质、味道更加鲜美，且蛋白质含量也有所增加。

3. 在肉羊饲料中添加维生素

在肉羊饲料中添加维生素A、维生素C、维生素D和维生素E等，可提高羊肉的肉品品质，延长其货架寿命。

4. 在肉羊饲料中添加必要的矿物质

根据肉羊对各种矿物质元素的实际需求量和摄取情况，适当地在肉羊饲料中添加镁、硒、铁、铬等矿物质元素，可提高羊肉的肉品品质。

5. 肉羊在屠宰前禁止饲喂有异味的饲料

肉羊在屠宰前10~20 d应禁止饲喂尿素等影响羊肉风味的饲料。

6. 严格执行休药期制度

肉羊允许使用的抗生素药物、抗寄生虫药物等均应严格执行休

药期制度，防止药物残留超标。肉羊允许使用的抗生素药物、抗寄生虫药物的使用方法和休药期见表 6-1、表 6-2。

表 6-1　肉羊允许使用的抗生素类药物的使用方法和休药期

名称	剂型	用法与用量（用量以有效成分计）	休药期（d）
氨苄西林钠	注射用粉剂	肌内或静脉注射，1 次量为每千克体重 10~20 mg	12
苄星青霉素	注射用粉剂	肌内注射，1 次量为每千克体重 3 万~4 万 U	14
青霉素钾	注射用粉剂	肌内注射，1 次量为每千克体重 2 万~3 万 U，1 日 2~3 次，连用 2~3 d	9
青霉素钠	注射用粉剂	肌内注射，1 次量为每千克体重 2 万~3 万 U，1 日 1~2 次，连用 2~3 d	9
恩诺沙星	注射液	肌内注射，1 次量为每千克体重 2.5 mg，1 日 2~3 次，连用 2~3 d	14
土霉素	片剂	内服，1 次量为每千克体重羔羊 10~25 mg（成年羊不宜内服）	5
普鲁卡因	注射用粉剂	肌内注射，1 次量为每千克体重 2 万~3 万 U，1 日 1 次，连用 2~3 d	9
青霉素	混悬液	日有注射，1 次量为每千克体重 2 万~3 万 U，1 日 1 次，连用 2~3 d	9
硫酸链霉素	注射用粉剂	肌内注射，1 次量为每千克体重 10~15 mg，1 日 2 次，连用 2~3 d	14

表 6-2 肉羊允许使用的抗寄生虫类药物的使用方法和休药期

名称	剂型	用法与用量（用量以有效成分计）	休药期（d）
阿苯达唑	片型	内服，1 次量为每千克体重 10~20 mg	7
双甲脒	溶液	药浴，喷洒，涂抹，配成 0.025%~0.05%的溶液	21
溴酚磷	片剂、粉剂	内服，1 次量为每千克体重 12~15 mg	21
氯氰碘柳胺钠	片剂	内服，1 次量为每千克体重 10 mg	28
	注射液	皮下注射，1 次量为每千克体重 5 mg	28
溴氰菊酯	溶液	药浴用量为每升水 5~15 mg	7
三氮脒	注射用粉剂	肌内注射，1 次量为每千克体重 3~5 mg，临用前配成 5%~7%的溶液	28
二嗪农	溶液	药浴，初用液用量为每升水 250 mg；补充液用量为每升水 750 mg	28
非班太尔	片剂、颗粒	内服，1 次量为每千克体重 5 mg	14
芬苯达唑	片剂、粉剂	内服，1 次量为每千克体重 5~7.5 mg	6
伊维菌素	注射液	皮下注射，1 次量为每千克体重 0.2 mg	21
盐酸左旋咪唑	片剂	内服，1 次量为每千克体重 7.5 mg	3
	注射液	皮下或肌内注射，1 次量为每千克体重 7.5 mg	28
硝碘酚腈	注射液	皮下注射，1 次量为每千克体重 10 mg；急性感染，1 次量为每千克体重 13 mg	30
吡喹酮	片剂	内服，1 次量为每千克体重 10~35 mg	1
碘醚柳胺	混悬液	内服，1 次量为每千克体重 7~12 mg	60
噻苯咪唑	粉剂	内服，1 次量为每千克体重 50~100 mg	30
三氯苯唑	混悬液	内服，1 次量为每千克体重 5~10 mg	28

第四节 羔羊育肥技术

一、肥羔生产优点

肥羔生产在世界各国羊肉生产中得到特别重视，是由于有以下几方面的优点。

一是羔羊肉具有鲜嫩、多汁、精肉多、脂肪少、味美、易消化及膻味轻等优点，深受大众欢迎，国际市场需求量很大。

二是羔羊生长快，饲料报酬高，成本低，收益高。

三是在国际市场上羔羊肉的价格高，比一般成年羊肉高 1~2 倍。

四是羔羊当年屠宰加快了羊群周转，缩短了生产周期，提高了出栏率及出肉率，当年就能获得最大的经济效益。

五是羔羊当年屠宰减轻了越冬期的人力和物力消耗，避免了冬季掉膘、甚至死亡的损失。

六是由于不养或少养羯羊，压缩了羯羊的饲养量，从而改变了羊群的结构，大幅度增加了母羊的比例，有利于扩大再生产，可以获得更高的经济效益。

七是 6~9 月龄羔羊所产的毛、皮价格高，所以生产肥羔的同时，又可以生产优质毛、皮。

二、肥羔生产技术措施

（一）开展经济杂交

国内外多年实践表明，在肥羔生产中开展经济杂交是增加羔羊肉产量的一种有效措施。在相同的饲养管理下，杂种一般都比纯种的经济效益高。经济杂交既能提高羔羊的初生重、断奶重及成年羊的体重、成活率、抗病力、生长速度、饲料报酬，又能提高繁殖力与产毛量等生产性能。所以在肥羔生产中采用经济杂交，可以提高产肉性能、降低饲养成本。

我国曾先后引进了肉用性能良好的世界著名肉用羊品种，如陶赛特、夏洛莱、德国肉用美利奴、萨福克、德克赛尔、考力代及杜泊等品种。应该充分利用并通过经济杂交来发展我国的肥羔生产。国内外的生产实践证明，选择早熟品种为父本，与繁殖力强、泌乳性能高的母羊杂交，是增加肥羔产量的重要技术措施。

（二）加强母羊饲养管理

羔羊初生重和母羊泌乳量与母体营养状况关系密切，这就需要在母羊妊娠后期和泌乳前期加强饲养管理，以提供优质的育肥羔羊。

（三）早期断奶

早期断奶，实质是上控制哺乳期，缩短母羊产羔期间隔和控制繁殖周期，达到一年两胎或两年三胎的一项重要技术措施。羔羊早期断奶是工厂化重要环节，是大幅度提高产品率的基本措施。

关于羔羊早期断奶的时间，目前尚无统一规定，但一般采用两种。第一，出生后 1 周断奶，然后用代乳品进行人工育羔。第二，出生后 7 周左右断奶，断奶后就可以全部饲喂植物性饲料或放牧。早期断奶必须让羔羊吃到初乳后再断奶，否则会影响羔羊的健康和生长发育。但哺乳时间过长，训练羔羊吃代乳品就困难，而且不利于母羊干奶，也易得乳腺炎。从母羊产后泌乳规律来看，到羔羊出生后 7~8 周龄，母乳已远远不能满足其营养需要。而且这时形成乳汁的饲料消耗也大增，经济上很不合算。从羔羊胃肠功能发育来看，出生后 7~8 周龄时，即可有效地利用饲草料，因而这时断奶较为适宜。

另外，国外有人认为不能把羔羊年龄作为决定断奶的唯一因素。因为羔羊年龄、胃容量与其体重密切相关，所以早期断奶还要考虑到羔羊的活重。法国认为羔羊活重比初生重大 2 倍时断奶为宜，英国认为只要羔羊活重到 11~12 kg 就可以断奶。

（四）培育或引进早熟、高产肉用羊新品种

早熟、多胎多产是肥羔生产专业化、工厂化的一个重要条件。因此，必须培育适合集约化饲养、全年繁殖、多羔、早熟、生长快的新品种。

我国具备培育适合现代集约化肥羔生产新品种的优越品种资源。绵羊中有适合中国广大中原地区和太湖流域农区生态条件的成熟早、生长快、四季发情、多胎多产的小尾寒羊和湖羊；适应牧区

条件的体格大、生长发育快、耐粗饲的乌珠穆沁羊和阿勒泰羊等。山羊中有适合我国中部农区和南方草山草坡的成熟早、繁殖力高、全年发情、多胎多产、屠宰率高的马头山羊、宜昌山羊、板角山羊、贵州白山羊、隆林山羊等。同时我国已引进了一些世界著名的肉用羊品种。应该把这些宝贵的品种资源充分利用起来，通过杂交或本品种选育，培育出适合我国国情的肉用绵、山羊新品种，使我国羊肉生产再上一个新台阶。

（五）同期发情

同期发情是现代羔羊生产中一项重要的繁殖技术，对肥羔专业化、工厂化生产更是不可缺少的一环。利用激素使母羊发情同期化，可使配种时间集中，有利于羊群抓膘，节约劳动力。最重要的是利于发挥人工授精的优点，扩大优秀种公羊的利用，使羔羊年龄整齐，便于管理。

（六）诱发分娩

在母羊妊娠末期，一般到 140 日龄后，用激素诱发提前分娩，使产羔时间集中，有利于大规模批量生产与周转，方便管理。

第五节　成年羊育肥技术

用于育肥的成年羊往往是淘汰羊、老残羊，这类羊一般年龄较大、产肉率低、肉质差，经过育肥，使肌肉之间脂肪量增加、皮下脂肪量增多、肉质变嫩、风味也有所改善、经济价值大大提高。

一、成年羊育肥期的营养特点

成年羊已停止生长发育，增重往往是脂肪的沉积，因此需要大量能量物质，其营养需要除能量外，其他营养成分要略低于羔羊。饲料中的无氮浸出物、粗纤维等碳水化合物，经瘤胃和盲肠中的微生物分解，产生挥发性低级脂肪酸，在羊体内形成体脂肪，是羊只增加体脂的主要来源。饲料中的蛋白质是形成体脂的次要原料。因此，保证成年羊育肥期充足的碳水化合物饲料的供应是十分重要的。

二、成年羊的育肥技术

育肥羊进入育肥栏舍前，对圈舍进行消毒，按性别、年龄、体况、大小和强弱等将育肥羊进行合理分群，并进行驱虫。应制订育肥方案，贮备充足的饲草饲料。育肥中做好体重测定、日耗草料数量、疫病情况等各项记录，以便结束时计算成本。饲喂时，应尽量喂饱，并限制活动，达到增重迅速，提高净肉率。

育肥之前，还应该对羊只作全面健康检查，凡是病羊均应治愈后育肥。过老、采食困难的羊只不宜用来育肥，否则会浪费饲料，同时也达不到预期效果，淘汰公羊应在育肥前 10 d 左右去势。成年羊育肥期不宜过长，因为体内沉积脂肪的能力有限，到满膘时就不会再增重。育肥期以 2~3 个月为宜，但同时要根据育肥羊的膘情，灵活掌握育肥时间。膘情较差的羊，可先用增重较低的营养物质饲喂，使其逐渐适应育肥日粮，经 1 个月复膘后，再用高水平营养日粮，这样也可避免一些消化道疾病。育肥期间及时按增膘程度调整日粮，延长育肥期或提前结束育肥。

有草场的地方，可选择野草丰盛、地势平坦、有水源的地方进行放牧育肥。但单靠放牧也很难使羊只短期内出栏，并难以达到满膘。一般情况适宜采取放牧加补饲的方法，或先放牧 1~2 个月，再加 1 个月的舍饲肥育，同时限制其运动。

第六节　肉羊的四季放牧要点

一、春季放牧

俗话说："二月（农历）的羊好似纸糊的墙。"这话就是说在春季（即在春分到立夏这一阶段）一般是羊一年中最瘦弱的阶段。

羊经过一个冬季漫长的枯草季节，母羊还要怀胎产羔和哺乳，羊群在夏秋季节积存的营养物质大部分已被消耗，其身体亏空较大、体质下降、体力虚弱、很容易受到寄生虫和其他疾病的侵害，如对羊群护理不当，则极易导致肉羊发病甚至死亡。因此，肉羊春季放牧的主要任务是在保住膘情的基础上，尽可能地使肉羊恢复体力，对怀孕母羊还应注意做好保胎工作。

春季牧草正处于萌发期，羊群在放牧时一旦闻到草香，为了追逐青草而容易到处乱跑，即所谓的“跑青”，如羊群出现“跑青”就会消耗较大体力，加上牧草处于萌发期，放牧时也吃不到多少青草。所以春季在放牧时，出牧前应先给饲喂适量粗饲料，并喂足饮水后再出牧，一方面可弥补羊群的放牧不足，防止羊群“跑青”，另一方面也可以让羊群的胃肠有一个从以采食干草到采食青草的适应过程，防止羊群突然间采食青草过多而诱发瘤胃臌气等消化道疾病。同时春季放牧过程中，应严格控制羊群，做到适当挡强羊、等弱羊，避免羊群“抢青”“跑青”。对瘦弱的羊应单独组群，并适当地给予照顾；对带羔母羊和待产母羊应留在羊舍附近的草场上放牧，因此，其羊舍附近最好种植一定面积的一年生黑麦草（因黑麦草返青早），在青黄不接的初春季节可供羊群采食，特别是可供瘦弱的羊、带羔母羊和待产母羊采食；春季一部分羊体力较差，放牧时容易掉队，在放牧时一定要用“背着放”的放牧方式（即牧羊工在羊群的前面领着放牧或在前面压住羊群不让羊群乱跑）压住强壮羊，迁就瘦弱羊，不让瘦弱羊因追赶强壮羊而延误采食。在选择羊群的放牧草场时，应做到先牧阴坡，后牧阳坡，或先牧黄（枯）草，后牧青草。

此外，春季牧草处于萌发期，如羊群吃啃牧草嫩芽过度，则不利于牧草的再生，因此春季放牧羊群应尽可能勤换草场，防止草场放牧过度、影响牧草的再生。

二、夏季放牧

羊群经过春季放牧和补饲，身体已逐渐恢复，由于天气逐渐日暖天长，牧草也逐渐生长旺盛，且大部分牧草也逐渐进入抽茎开花阶段，其牧草的营养价值也逐渐处于最佳状态。因此，夏季是肉羊抓膘的良好季节，应尽可能延长羊群的放牧时间，以有利于肉羊的增膘。

初夏在对羊群进行放牧时，应避免发生吃肥走瘦的毛病，因此要对羊群进行训练。俗话说，“夏初训练好，常年吃得饱，夏初训练糟，一年到头吃不好”“春天大撒羊，夏秋跑断肠，春天训练跑几天，秋天牧羊闲半天”。如果夏初羊群放牧训练不当，一旦羊群养成放牧“爱跑”的恶习，就很难改变。因此，初夏在对羊群进行放牧时，应尽早进行训练，以彻底改变羊群放牧爱跑的习惯。同时夏季气温高，蚊蝇活动猖獗，影响羊群的采食和休息，对肉羊的生长发育不利，因此，夏季放牧羊群时，应选择干燥、凉爽、饮水方便、蚊蝇活动少的草场放牧。在放牧时应尽可能将有效的放牧时间延长，并做到早出晚归，使羊群在 1 d 内放牧能保证 3 次饱。在中午天气炎热时，安排羊群在树荫等阴凉通风处休息并反刍。与此同时，要保证羊群有充足的饮水，并适当地补充食盐和其他矿物质饲料添加剂。

三、秋季放牧

立秋之后，气温逐渐转为凉爽，且大部分牧草也结下了丰富的籽实，牧草的营养价值相对较高，正是“立秋以后抢秋膘，吃上草籽顶上料”的大好季节，也是羊群抓膘的最佳时期，且秋季又是母羊发情配种的最佳季节，因此，羊群在秋季放牧的主要任务是在抓好夏膘的基础上，继续抓好秋膘，尽可能做到羊群的放牧和配种两不误。

一般进入夏季后，羊群逐渐由近向远的地方转移放牧，而进入秋季后，则应逐渐由远向近转移放牧，特别是进入秋末后，一些地方还会经常出现霜冻，因此，羊群在秋季放牧时，应尽可能做到早出晚归，中午不休息延长羊群的放牧时间。在半农半牧区或农区，农田的农作物收获后，养殖场（户）应及时将羊群驱赶到农作物茬地上放牧抓膘。秋季羊群放牧采食干草和草籽容易发生口渴，应注意给羊群供给充足的饮水，在羊群放牧时，应注意将羊群驱赶到溪边、河边饮用干净的水。

四、冬季放牧

冬季羊群放牧的主要任务则是保胎保膘，确保羊群安全越冬。冬季日短夜长，天气寒冷，且风大、多雨、多雪，不利于羊群放牧，除舍饲育肥的羊群外，其他羊群则应坚持放牧。在草场的放牧利用上，应逐渐由远向近、由高向低转移放牧，并坚持先阴坡后阳坡，先沟边后平地的放牧原则，以便于在雨雪天气时，羊群可以在圈舍附近的草场上放牧，并为老、弱、病羊，怀孕重胎的母羊和产后不久的母羊留下较好的草场放牧。

羊群在冬季放牧时，应尽可能做到晚出早归，对怀孕母羊应随时保持母羊进出栏舍通道畅通，防止母羊放牧和进出栏舍时发生互相拥挤，在放牧时应防止母羊跑跳、急走，且应根据母羊怀孕月龄的增加，逐渐减轻其放牧强度，并在放牧时切忌母羊走陡坡和转急弯，以防损伤腹部引起动胎流产，同时还应切忌打冷鞭和猛然间受惊吓，天气过冷时则不可出牧，每昼夜保证母羊有 14~16 h 的休息和反刍时间。

母羊怀孕最后 1 个月应尽量避免远牧，放牧时切忌将羊赶到过高、过陡的山坡或崎岖不平的山岗处放牧，以防母羊滑跌，并切忌母羊受寒风暴雨侵袭。母羊和育成羊放牧回舍后，应及时补喂夜草和给予适当的补料，以弥补冬季羊群放牧的不足。

此外，冬季给羊群饮水不可太冷，更不可给羊群饮用冰水和雪水，最好是温水或深井水，并严防怀孕母羊空腹饮水，以免引发母羊流产。一般羊群的饲喂顺序是先饲喂适量的粗饲料，待羊群吃到半饱后再给予足够的饮水，待羊群休息0.5~1 h后再出牧，在羊群放牧期间，应注意将羊群驱赶到溪边或河边饮水，放牧回舍后，食槽中备足草料，水槽中备足饮水，让羊群自由采食和饮水。

此外，补盐是羊群放牧饲养过程中不可忽视的一个重要环节，食盐不仅能开胃、调节肉羊的食欲，而且能助消化，还具有止酵、清火治病的作用，因此，肉羊应及时补盐，一般成年羊每日每只补喂3~10 g，哺乳母羊每日每只补喂不少于10 g，可将食盐溶于水中让羊群饮用，而最理想的补盐方法是购置盐砖，可将盐砖吊挂在羊舍的运动场内，让羊群自由舔食。给羊群自由舔食盐砖，不仅可以补盐，而且可以补钙、磷、碘、铜、锌、硒等元素，一举多得。同时给羊群补盐不仅在冬春枯草季节要补喂，夏秋青草旺盛季节也需要补喂，要保持常年不断地补喂。

第七章　肉羊繁育技术

第一节　肉羊选择与繁育改良

一、选种与选配

（一）选种

选种是指根据预定的育种目标，在羊群中选留生产性能好、品质优良、体型外貌等符合要求的公、母羊作为种用，把品质不好者予以淘汰，由此来实现羊群质量的不断提高。种羊的选择不仅要看个体本身的表现，还要看其祖先、后裔或旁系亲属的性状是否符合留作种用的要求，一般在出生、断奶、育成及成年后进行多次筛选，主要采用个体选择、系谱选择和后裔测定等方法。

（二）选配

选配是指在选种的基础上，给母羊或公羊选择合适的配偶，以求将双亲的优良性状结合，得到比较理想的后代，加快育种进程。选配是选种的继续，其作用在于巩固选种效果。选配可分为表型选配和亲缘选配，前者是以与配公、母羊个体本身的表型特征作为选配依据，后者是根据双方的血缘关系进行的选配。在选配中公羊的等级和品质都要高于母羊。

二、纯种繁育

纯种繁育是指在同一品种（品系）内的公、母羊间繁殖和选育的方法，当某一肉羊品种经过长期选育，已具备不少优良特性，并已完全符合生产需要时，则应采用纯种繁育的方法进行繁育。其目的是保持和发展该品种的优良品质，增加品种内优秀个体数量。纯种繁育主要有如下步骤。

（一）建立基础群

通常采用两种方式组建基础群。

（1）按血缘关系组群，首先对羊群进行系谱分析，查清各配种公羊及其后代的主要特点，选留优秀公羊及其后代建立基础群，并将不具备该品系特点的后代剔除于基础群外，这种组群方法适用于遗传力低的性状，如产羔数、体况评分、羊肉品质等。

（2）按表型特征组群。将具有相同表型特征的羊只挑选出来组建基础群，不需要考虑血缘关系，简单易行，在羊群遗传力高时采用，如绵羊的品系繁育常根据表型特征组群。

（二）建立品系

当基础群建立之后，一般将基础群封闭起来，只在基础群内选择公、母羊进行繁殖，逐代淘汰不合格的个体，使品系基础群所具备的品系特点得到进一步巩固和发展。在繁育过程中，尽量扩大最优秀公羊的利用率，而质量较差的不配或少配。亲缘交配在品系形成中是不可缺少的，一般只作几代近交，以后转而采用远交，直到特点突出和遗传性稳定后纯种品系即育成。

（三）血液更新

由于纯种繁育会出现近亲繁殖的现象，血液更新是将具有一致遗传性和生产性能，但来源不相接近的同品系的种羊来替换原羊群的种羊。由于所配的公母羊属于同一品系，仍属于纯种繁育。当出现下列情况时可采用血液更新：一是在一个羊群中或羊场中，由于个体的数量较少而存在近交产生不良后果；二是新引进的品种由于环境改变后，生产性能降低；三是羊群质量达到一定水平，生产性能及适应性等方面呈现停滞状态。

三、杂交改良

杂交是指用两个或两个以上羊品种进行种间交配的繁育方法。目的是创造出亲代原本不具备的表型特征，培育新品种或新品系，改变原有羊群的基本方向。由于生产目的不同，采用的杂交方法也不一样。

（一）级进杂交

级进杂交是指用高产的优良品种公羊与低产品种母羊杂交，所得的杂交后代母羊再与高产的优良品种公羊杂交。一般连续进行3~4代，就能迅速而有效地改造低产品种。当需要彻底改造某个种群（品种、品系）的生产性能或者是改变生产性能方向时，常用级进杂交。

需要注意的是对引进的改良公羊要进行严格的遗传测定，此外杂交代数不宜过多，以免外来血统比例过大，导致杂种对当地的适应性下降。

（二）导入杂交

导入杂交是指在原有种群的局部范围内引入不高于1/4的外源血统，以便在保持原有种群的基础上克服个别缺点。当原有种群生产性能基本上符合需要，局部缺点在纯种繁殖下不易克服时宜采用导入杂交。例如，新疆细毛羊净毛率和羊毛长度差，导入1/4的澳洲美利奴羊血统后，净毛率、羊毛长度明显改进，且保持了原有品种的特性。针对原有种群的具体缺点进行导入杂交试验时，需确定导入种公羊的品种，并对其进行严格选择。

（三）育成杂交

育成杂交是指用两个或更多的种群相互杂交，在杂种后代中选优固定，育成一个符合需要的新品种。育成杂交主要用于原有品种不能满足需要，也没有任何外来品种能完全替代时。当今世界上众多的肉用绵羊、山羊育成品种，多半是通过育成杂交培育出来的，如杜泊羊、夏洛莱羊、我国的南江黄羊等。育成杂交要求外来品种生产性能好、适应性强，此外杂交亲本不宜太多以防遗传基础过于混杂，导致固定困难。而当杂交出现理想型时应及时固定。

（四）经济杂交

经济杂交是两个种群进行杂交，其目的在于生产更多更好的羊肉，而不是为了生产种羊，故又称简单杂交。杂交后代不论公母均不留种，全部作为商品羊出售。经济杂交的杂种后代表现取决于杂交亲本的优劣，因此正确选择亲本是杂交成败的关键。所以在大规模的杂交之前，必须用少量的动物进行配合力试验，配合力是通过不同种群的杂交所能获得的杂种优势程度，是衡量杂种优势的一种指标；配合力有一般配合力和特殊配合力两种，应筛选最佳特殊配合力的杂交组合。

四、育种资料的记录

育种资料的记录和整理是育种工作重要的一环，一般包括种公羊与母羊卡片、公羊采精记录、配种记录和羔羊培育记录等。

（一）公、母羊卡片

一般包括羊的编号、品种、良种登记号、出生日期及地点、系谱、体尺、体重、外貌结构、生产性能、后代品质、公羊的配种和母羊产羔成绩、鉴定成绩等。

（二）公羊采精记录

一般包括公羊编号、出生日期、第一次采精日期、每次采精量及精液品质等。

（三）母羊配种记录

一般包括母羊的配种年龄、配种方法、次数以及产羔情况等。

（四）羔羊培育记录

一般包括羔羊的编号、品种、系谱、出生日期、出生重、毛色、外貌特征、各阶段生长发育情况及鉴定成绩等。

第二节　肉羊繁殖规律与发情鉴定

一、繁殖季节

绵羊和山羊的繁殖季节因品种、地区而有差异，一般是在夏秋冬三个季节，母羊有发情表现。母羊发情时，卵巢机能活跃，滤泡发育逐渐成熟，并接受公羊交配。母羊的发情存在一定的季节性主要是受不同季节温度、光照、饲草饲料等条件影响，特别是母羊的发情要求由长变短的光照条件，所以发情主要在秋冬两季。

公羊在任何季节都能配种，但在气温较高的季节，易出现性欲减弱或消失，精液品质下降，精子数目减少等现象。在气候温暖、海拔较低、牧草饲料良好的地区，饲养的山羊、绵羊品种一般一年四季都发情，配种时间不受限制。

二、性成熟和初配年龄

1. 公羊的性成熟和初配年龄

初情期是公羊初次出现性行为和能够射出精子的时期，是性成熟过程中的开始阶段。性成熟是公羊生殖器官和生殖功能发育趋于完善，达到能够产生具有受精能力的精子，并有完全性行为的时期。公羊达到性成熟时，身体仍在生长发育，若配种过早，会影响其身体的正常生长发育，并且降低繁殖力。公羊开始配种的年龄是性成熟后几个月，其体重接近成年。公羊在 6~10 月龄时性成熟，12~18 月龄方可配种，此即为公羊的初配年龄。

2. 母羊的性成熟和初配年龄

通常把母羊出生后第一次出现发情的时期称为初情期。一般绵羊为 6~10 月龄，山羊为 4~6 月龄。此时虽然母羊有发情征兆，但往往发情周期不正常，其生殖器官仍在继续生长发育之中，体格较小，故此时不宜配种。母羊达到性成熟时，最显著的表现是具有协调的生殖内分泌功能，表现出有规律的发情周期和完全的发情征兆，排出能受精的卵子，具有繁衍后代的能力。母羊的性成熟期主要受品种、个体、气候和饲养管理条件等影响。通常母羊配种时的体重以相当成年羊体重的70%~80%为宜，适宜的初配年龄一般为1~1.5岁。

三、发情及发情鉴定

（一）发情

发情是指性成熟的母羊在特定季节所表现出的一种周期性性活动现象。在生理上表现为排卵、生殖道变化、准备受精和妊娠，在行为上表现为吸引和接纳异性等特征。

1. 发情周期

母羊从上一次发情开始到下一次发情开始所间隔的时间称为发情周期。如果是未受孕的母羊，在一个发情期内，其机体和生殖器官会有一系列周期性的变化发生，然后会再次发情。绵羊的平均发情周期为16 d（14~21 d），山羊平均为21 d（18~24 d）。

2. 发情持续期

母羊的发情持续时间称为发情持续期，因品种、年龄、配种季节等不同而异。绵羊发情持续期为30 h左右（20~42 h），山羊为24~48 h。青年羊初情期的发情持续期最短，1.5岁后较长，成年母羊最长。配种季节初期和末期的发情持续期短，中期较长。公、母羊混群的母羊比单独组群的母羊的发情持续期短，且发情整齐一致。母羊排卵一般在发情开始后12~24 h，故发情后12 h左右配种最适宜。

（二）发情鉴定

只有准确做好母羊发情鉴定，才能掌握发情时机，确定适宜配种时间，提高母羊受胎率。发情鉴定通常采用下列方法。

1. 外部观察法

母羊发情后，表现为兴奋不安、食欲减退、有交配欲、对外刺激反应敏感、主动靠近公羊并摇动尾巴；当被公羊爬跨时，站立不动，乐意接受公羊的交配，外阴部分泌少量黏液。

2. 公羊试情法

将身体强壮、性欲旺盛、没有疾病的公羊戴上试情布后放入母羊群中，公羊开始嗅闻母羊外阴。发情的母羊会主动靠近公羊并与之亲近、摇尾，接受公羊爬跨。试情公羊的比例以 1：(30～40) 为宜。试情布应大小适中、常洗常换、保持卫生。

3. 阴道检查法

可用开膣器检查母羊阴道黏膜、分泌物及子宫颈口的变化情况。发情母羊外阴充血、肿胀、柔软而松弛，阴道黏膜充血、湿润、有透明黏液流出，子宫颈口松弛、开张、充血、有黏液流出。

第三节　肉羊配种和人工授精技术

一、配种时间的确定

确定羊的配种时间，主要是根据什么时候产羔最合适来决定。配种及产羔时间因羊的年产胎次不同而异。

年产一胎的羊，一般在 9—10 月配种，翌年 2—3 月产羔。

年产两胎的羊，可在 4 月配种，当年 9 月产羔；第二胎在 10 月配种，翌年 3 月产羔。这就是常说的“桃花开，谷穗黄”两茬羔。

两年产三胎的羊，可在 3 月初配种，当年 8 月初产羔；第二胎在 11 月初配种，翌年 4 月初产羔；第三胎在翌年 8 月初配种，第三年 1 月初产羔。

另外，也可安排三年五产等。不管什么时候产羔，只要在产后 2 个月左右发情就安排配种，但最好避开炎热的 7 月中旬至 8 月中旬产羔。

二、配种方法与人工授精技术

（一）配种方法

1. 自由交配

自由交配是一种原始的配种方法。在配种期内将公、母羊混群放牧或饲养，任其自由交配。这种方法虽然省时省力，简便易行，但同样也存在许多缺点：一是不能掌握准确的配种时间，无法准确推测母羊的预产期，产羔时间不能集中并无法考查羔羊的系谱，也就不能有效地进行选种人工辅助交配；二是公羊无节制交配，使其体力消耗过多，并影响整个母羊群的放牧采食和抓膘；三是在一个配种季节里，1 只公羊只能配 30~40 只母羊，种公羊利用率不高，不能利用优良品种的公羊对杂种羊进行大面积杂交改良，阻碍了羊的改良进程。

2. 人工辅助交配

人工辅助交配是指将公母羊分群放牧，在配种期间，先用试情公羊挑出发情母羊，再与选定的良种公羊进行单独交配。在一个配种季节内每只公羊可配 60~80 只母羊。这种方法可以准确记载母羊的配种时间和与配公羊，掌握母羊产羔时间，减少种公羊用量，提高种公羊的利用率。这种方法适用于羊群规模不大、有一定数量的良种公羊、开展人工授精比较困难、又不想采用自由交配的情况，但花费的时间和人力较多。

3. 人工授精

人工授精是借助专门的器械和方法，采取公羊的精液，在体外经过检查和适当处理后，把精液输入发情母羊的子宫颈内使其受胎的配种方法。其优点一是能充分发挥优良种公羊的作用，提高其利用率，从而减少种公羊的饲养头数，节省饲料和管理费用。二是不受时间和地域限制，在短期内集中配种，可以提高母羊的受胎率，使产羔季节集中，便于羔羊的管理，提高羔羊成活率。三是可以减少传染病的传播，便于有计划地进行选种选配等。

（二）人工授精技术

1. 采精前准备

（1）种公羊采精调教。对于初次配种的公羊，若性欲不高，不会爬跨应该加以调教。主要方法是把公羊放进发情母羊群里混养几天；其他公羊爬跨时在旁边观摩；每日早晚按摩睾丸各 1 次，每次 10~15 min；将发情母羊阴道分泌物涂抹在公羊鼻尖刺激性欲；调整日粮配方，增喂鸡蛋，增加运动量。

（2）器械洗涤和消毒。对采精、稀释、保存精液、输精等直接与精液接触的器械在每次使用前必须消毒，用后要立即洗涤干净。器械洗涤后需根据器械种类采用下列方法之一进行消毒：75% 酒精消毒；水浴煮沸 15 ~ 20 min 消毒；火焰消毒；高温干燥消毒等。

（3）台羊的准备。台羊的选择应与采精公羊的体格大小一致，且发情征兆明显。

（4）假阴道的安装和消毒。先把假阴道内胎装入外壳，把长出的部分翻套在外壳上，在两端分别套上橡皮圈固定，使固定好的内胎松紧适中、匀称、平整、不起皱褶，然后用 75% 酒精棉球消毒，再用生理盐水棉球擦洗数次。应保持假阴道在采精前有一定的压力、温度和润滑度，内部温度以 40~42℃ 为宜。为保证一定的润滑度，用清洁玻棒蘸少许灭菌凡士林均匀涂抹在内胎的前 1/3 处，也可用生理盐水棉球擦洗保持润滑。通过气门活塞吹入气体，使假阴道保持一定的松紧度，使内胎的内表面保持三角形，合拢而不向外鼓出为宜，安上集精瓶。

2. 采精方法

将台羊保定后，引公羊到台羊处，采精人员蹲在台羊右后方，右手握假阴道，贴靠在台羊尾部，入口朝下，与地面呈 35° ~ 45° 角。当公羊爬跨时，快速地将阴茎导入假阴道内，保持假阴道与阴茎平行。公羊用力向前一冲时即为射精，此时操作人员应在公羊跳下时将假阴道紧贴包皮退出，并迅速将集精瓶口向上，稍停放出气体，取下集精瓶。

3. 精液品质检查

精液品质与受胎率有直接关系。通过精液品质检查，确定稀释倍数和精液能否用于输精，这是保证输精效果的一项重要措施，也是对种公羊种用价值和配种能力的检验。精液品质检查要快速准确，取样要有代表性。检验室要保持洁净，室温保持在 18~25℃。

（1）色泽气味。正常精液为浓厚的乳白色或乳酪色混悬液体，略有腥味。若有异常，不得用于输精。

（2）精液容量。用灭菌输精器抽取测量。羊每次射精量为 0.5~2.0 mL。

（3）精子形态。凡是精子形态不正常者均为畸形精子，如头部过大或过小、双头、双尾、断裂、尾部弯曲、带原生质滴等。合格精液的畸形精子率不得超过 14%，畸形精子过多，会降低受胎率。

（4）精子活率。精子活率测定是在 37℃左右条件下检查精液中直线前进运动精子的百分率。检查时以灭菌玻璃棒蘸取 1 滴精液，放在载玻片上加盖玻片，放大 300~500 倍观察。全部精子都做直线前进运动则评为 1，90%的精子做直线前进运动为 0.9，以此类推，通常原精液精子活率在 0.7 以上，原精液稀释后精子活率 0.6，冻精解冻后活率 0.35 以下者不宜用作输精，以免影响受胎率。

（5）精子密度。指单位体积中的精子数，待冷冻用的鲜精密度应在 20 亿个/mL 以上。常用的密度测定方法有显微镜观察法、计数法（用血球计数板进行计数）以及光电比色法（光电比色计测定透光率，查表即可得知精子密度）。通常在检测精子活率的同时，测定密度。精子密度可分为密、中、稀和无。密的精液，视野中精子密集、上下重叠、没有空隙，看不清单个精子运动，每毫升精液中有精子 10 亿个以上、最多达 50 亿~60 亿个，公羊的精液只有“密”的才可以稀释后使用。

4. 精液的稀释和保存

（1）精液的稀释。稀释精液的目的在于扩大精液量，提高优良种公羊的配种效率，保持精子活力，延长精子存活时间，使精子在保存过程中免受各种物理、化学、生物因素的影响。常用稀释液有以下几种。①生理盐水稀释液。常用注射用生理盐水，或用经过灭菌的生理盐水作稀释液，稀释后则应立即输精。这种方法简单易行且比较有效，其稀释倍数不宜超过 2 倍。②葡萄糖柠檬酸钠卵黄稀释液。称取葡萄糖 3 g、柠檬酸钠 1.4 g，溶解于 100 mL 蒸馏水中，过滤、灭菌，冷却至 30℃，加新鲜卵黄 20 mL，每毫升加入青霉素、链霉素各 1 000 U，充分混合。此种稀释液的稀释倍数为 2~3 倍。③牛奶（或羊奶）稀释液。用新鲜牛奶（或羊奶）以脱脂纱布过滤，蒸汽灭菌 15 min，冷却至 30℃，吸取中间奶液，每毫升加入青霉素、链霉素各 1 000 U，充分混合。此种稀释液的稀释倍数为 2~4 倍。

（2）精液的保存。为了使优秀种公羊的利用效率、利用时间、利用范围适当扩大，需要有效的保存精液，延长精子的存活时间。为此必须降低精子的代谢，减少能量消耗。精液的主要保存方式有①常温保存。精液稀释后，保存在 15~25℃以下的室温环境中，在这种条件下，只能保存 1~2 d。②低温保存。在常温保存的基础上，进一步缓慢降低至 0~5℃。在这个温度下，保存的有效时间为 2~3 d。

5. 输精

（1）输精方法。保证母羊受胎的关键就是适时而准确地将一定量的优质精液输到发情母羊的子宫颈口内。输精前，应先用消毒液将待输精母羊的外阴部擦洗消毒，再用生理盐水擦洗干净，将母羊后肢提起倒立，用两腿夹住母羊颈部保定，阴户朝上，输精员用开膣器扩张母羊阴道，找到子宫颈，慢慢地将装有精液的输精枪插进子宫颈 1~2 cm 深处（根据羊的体型大小而定），缓慢注入所需要的精液量（原精 0.05~0.1 mL，稀释精液 0.1~0.2 mL），再将输精器来回抽动并按摩约 1 min，然后抽出输精枪和开膣器，对母羊屁股拍打一掌，使其子宫宫颈收缩，有助于精液不外流。

（2）输精时间及次数。当母羊开始表现出发情状况后，第一次输精要控制在 8~12 h 后开始，也可用子宫颈黏液特征作为适时输精的标志，当透明的黏液变为浑浊并最终变成奶酪状时，此时的输精效果最好。一般采取试情 1 次，输精 2 次，即下午试情，第二日上下午各输精 1 次；或当日上午试情后下午进行第一次输精，第二日上午再输精 1 次。

（3）注意事项。保证受胎率的关键就是准确判断母羊的发情，建议发情鉴定最好采用公羊试情法。深部输精 1.5~2.5 cm 且尽量要深，能够有效提高受胎率。在气温较低的冬季里，为了防止精子冻休克，应将输精器加温到体温后再放入精液。应及时用水将使用后的输精器冲洗干净，并用蒸馏水冲 1~2 次。每输完 1 只羊，都要用酒精棉球进行消毒，然后再用生理盐水冲洗 2 次后使用；所有与精液接触的器材都要避免带水，因为水能使精子死亡，所以可用生理盐水冲洗 2 次以上再用；为了防止精液倒流，应让输精后的母羊在原保定位置停留一会儿再放开活动；由于处女羊的阴道狭窄，对其输精时不能到子宫颈口内，只能做阴道底部输精，所以输精时，至少要加 1 倍的量；要对输精母羊做好记录，按输精先后组群。

第四节　肉羊妊娠与分娩

一、妊娠

一般来说，若母羊配种后，经过一个发情周期不再发情，绝大多数是由于妊娠的原因。母羊妊娠后，被毛光亮、行动迟缓、食欲旺盛、爱上膘、性情温顺。个别母羊妊娠后会出现假发情现象，应注意鉴别。母羊妊娠至 1.5~2 个月以后，外阴开始出现水肿，2~3

个月时，可进行妊娠检查。

妊娠检查一般是在早晨空腹时，检查者先用两腿将母羊的头颈夹住，将两手放在母羊侧腹下，乳房前方的两侧部位，并将其腹部托起，左手把羊的右腹向左微推，左手拇指和食指叉开稍加压力，可以触摸到较硬的小块，若两边各有一硬块，则怀双羔；若只有一块，为单羔。要细心检查，为避免母羊流产，不可强行用力。羊怀孕后期，腹部显著增大，从外观即可判定。

在发情周期内配种母羊受孕后，从开始受孕到分娩的这一段时间称为妊娠期。绵羊的妊娠期是 150 d 左右，山羊的妊娠期是 152 d 左右。

二、分娩

(一) 分娩征兆

母羊临产前表现为乳房肿大，乳头直立，阴门肿胀潮红，有时候流出黏液；肷窝下陷，尤以临产前 2~3 h 最明显；行动困难，排尿次数增多，起卧不安，不时回头顾腹，喜卧墙角，四肢伸直努责。有时四肢刨地，表现不安，不时咩叫。工作人员应随时观察母羊，如有上述情况，尤其是出现努责或羊膜露出外阴时，应立即将母羊送进接羔棚。

(二) 接产

母羊正常分娩时，在羊水破后 10~30 min，羔羊即可产出。正常胎位的羔羊出生时，一般两前肢和头部先出，如后肢先出，最好立即进行人工接产和助产，以防胎儿窒息死亡。

产双羔时，一般先后间隔 5~30 min，但也有 1 h 以上的。当母羊产出第一羔后，需检查是否还有未产羊羔，如见有表现不安、卧地不起或起立后重新躺下努责的情况，可用手掌在母羊腹部前方适当用力向上推举，如还有羔羊，则能触到一个硬而光滑的羔体。对产双羔或多羔的母羊应特别加以注意，在第二、第三只羔羊产出时，已疲乏无力，且羔羊的胎位往往不正，所以多需助产。

羔羊产出后，首先把其口腔、鼻腔内的黏液掏出擦净，以免因呼吸困难、吞咽羊水而引起窒息或异物性肺炎。羔羊身上的黏液最好让母羊舔净，这样有助于增强母子的亲和感。如果母羊不舔或天气寒冷时，应迅速把羔体擦干，以免受凉。羔羊出生 2 h 内要进行称重及初生鉴定，并建立档案。

母羊分娩后约 1 h 左右会排出胎盘，为防止被母羊吞食应及时将胎盘捡出或深埋。

（三）难产处理

母羊分娩时，常因其阴道狭窄，胎儿过大，母羊体弱或骨盆狭窄以及胎儿胎位不正等原因造成难产。一般在羊水破后 20～30 min，羔羊产不出来，母羊不努责，应立即助产。助产员应剪短指甲，洗净手臂并消毒，涂润滑油。

胎位不正时，先帮助母羊垫高后躯，将露出的羔羊的部分身体送回子宫内，手随之进入产道，校正胎位，再将胎儿随着母羊的努责节律拉出。

若因为胎儿过大导致难产，可以握住羔羊的两前肢，慢慢将胎儿拉出部分后再送入，如此重复 3～4 次，然后再一手拉住两前肢，一手扶住羔羊头部，随着母羊的努责，慢慢向后下方拉出，但操作时不可以用力过猛，以防伤及产道。

（四）羔羊假死的处理

羔羊产出后，表现为发育正常，心脏有跳动，但不呼吸，这种情况称为假死。羔羊假死主要是因为母羊分娩时间较长，子宫缺氧或因羔羊过早呼吸而吸入羊水等造成。羔羊出现假死情况，一般采用两种方法使其尽快复苏：一是提起羔羊两后肢，使羔羊悬空，同时拍其背胸部；二是使羔羊仰卧，用两手有节律地推压羔羊胸部两侧。在经过这两种办法处理后，一般处于假死状态的羔羊都能苏醒。

第五节　提高肉羊繁殖力的技术措施

一、选择优良肉羊品种

1. 种公羊的选择

从繁殖力高的母羊后代中选择培育公羊。要求体形外貌健壮、标准，雄性特征明显，睾丸发育良好并通过后裔鉴定、精液质量检查等措施，发现和剔除不符合要求的公羊。

2. 种母羊的选择

从多胎母羊后代中选择优秀个体，并注意其泌乳、哺乳性能，也可根据家系选留多胎母羊。选择后躯发育良好、骨盆宽大、腹围宽阔、臀部丰满、乳房对称、性情温顺且母性良好的母羊。

二、选留多胎肉羊品种

研究表明羊的繁殖力具有遗传性，一般母羊在第一胎时生产双羔，这样的母羊在以后的胎次产双羔的重复力较高，因此在生产上应注意选择双羔后代作种用母羊。另外可引进多胎品种，与地方品种杂交，也可有效提高肉羊的繁殖力。

三、增加可繁母羊比例

合理的羊群结构是实现肉羊高效生产的必要条件。因此增加适龄繁殖母羊（2~5 岁）在羊群中的比例，也是提高肉羊繁殖力的一项重要措施。生产中每年都要对羊群进行清理，及时将老龄羊、不孕羊、出栏不用的小公羊和小母羊淘汰，及时补充青壮年母羊进行繁殖。在育种场，适龄繁殖母羊的比例可提高到 60%~70%；在经济羊场，则可考虑在 40%~50%范围内。

四、提高种羊的营养水平

营养水平对羊的繁殖力影响极大，丰富平衡的营养可以提高种公羊的性欲，提高精液品质，促进母羊发情和增加排卵数。因此，在生产中应注重加强对公、母羊的饲养。种公羊在配种季节与非配种季节，均应给予全价的日粮。对营养不良和瘦弱的母羊，应在配种前 1 个月给予必要的补饲，实施满膘配种。同时需要加强母羊妊娠后期及哺乳期的饲养管理。

五、频密产羔和适时断奶早配

在气候和饲养管理条件较好的地区，要缩短常年繁殖母羊的空怀期，使母羊间隔 6~7 个月产 1 次羔，即实行密集产羔，争取实现一年两产或两年三产的目标。此外，结合当地具体条件，以有利于母羊健康及羔羊发育为出发点，恰当而有效地安排羔羊的早期断奶和母羊配种时间。频密产羔和适时断奶早配都是有效增加羔羊数量的方法，但必须对母羊和羔羊都加强饲养管理。

第六节　繁殖新技术在肉羊生产中的应用

一、冷冻精液

冷冻精液是人工授精技术的新发展。冷冻精液可以长时间保存，使用优秀种公羊的冷冻精液给母羊授精，不再受时间和地域限制，也不需要每个人工授精站都从外地引进和饲养种公羊，同时也不受种公羊生命的限制，从而最大限度扩大了优秀种公羊的利用率。但由于羊的冷冻精液受胎率较低，因此应用还局限在小范围，没有在生产实践中大面积应用。

二、同期发情

同期发情是利用激素或其他方法控制和调整一群母羊的发情

周期，使它们在特定的时间内同期发情。同期发情有利于推广人工授精。特别是在居住分散的山区，如果能在短时间内使羊群集中发情，集中进行人工授精就非常便利。同期发情，集中配种，可以缩短配种季节，节省大量的人力和物力。同时又因配种同期化，给以后的分娩产羔、羊群周转以及商品羊的成批生产等一系列的组织管理带来方便，适应现代集约化生产或工厂化生产的要求。这项技术主要多应用于肥羔生产，有利于羔羊同期育肥和出栏。同期发情有两种方法：一种方法是促进黄体退化，从而降低孕激素水平；另一种方法是抑制发情，增加孕激素水平。两种方法所用的激素性质、作用各不相同，但都是改变母羊体内孕激素水平，达到发情同期化的目的。

三、超数排卵

在自然状态下，多数绵羊、山羊在一个发情期只排 1~3 个卵。在母羊发情周期的适当时间，注射促性腺激素，使卵巢比正常情况下有较多的卵泡发育并排卵，这种方法即为超数排卵（简称超排）。这项技术多应用于羊的胚胎移植中，使供体母羊多排卵。经过超排处理的母羊在一个情期内排出 20 个卵，个别母羊可排高达 50 个卵。这对充分发挥优良母羊的遗传潜力具有重要意义。促使母羊超排的最佳时间是在发情周期的第十二至第十三天。

四、胚胎移植

从一只种羊的输卵管或子宫内取出早期的胚胎（受精卵）移植到另一只母羊的输卵管或子宫内，让其继续生长发育的过程称为胚胎移植。提供胚胎的种羊称为“供体”，接受胚胎的母羊称为“受体”。胚胎移植可以迅速繁殖优良品种的后代，扩大纯种数量，也可以冷冻进行长距离运输，然后再移植到母羊子宫内，这样可以减少胚胎损失，降低运输成本。

第八章　肉羊保健与疫病监测

第一节　肉羊的卫生保健

近年来，我国肉羊饲养业发展迅速，为了提高肉羊饲养的经济效益，加快出栏周转，肉羊舍饲育肥是非常适用的养殖肥育措施，但由于舍饲后羊只饲养密度大幅度提高，一些散发病可能出现群发势头，一些非常见病可能集中发作。羊发生疾病的原因多种多样，其根本原因是由羊的机体状况和外界各种致病因素共同影响的结果。发展舍饲养羊，平时要坚决贯彻“预防为主、防重于治”的原则。因此，做好卫生保健工作是发展舍饲养羊成败的关键。

一、饲养管理

肉羊舍饲后，饲养密度加大，运动量减少，人工饲养管理程度提高，一些疾病会相对增多，如消化道疾病、呼吸道疾病、泌尿系统疾病、中毒病、眼结膜炎、口疮、关节炎、乳腺炎等相对多发。因此，选择饲养健康的良种公羊和母羊，自繁自养，可以提高羊的品质和生产性能。科学管理，精心喂养，增强羊只免疫力是预防羊病发生的重要措施。饲料种类力求多样化并合理搭配与调制，使其营养丰富全面。同时要重视饲料和饮水卫生，不喂发霉变质、冰冻及被农药污染的草料，不饮污水，保持羊舍清洁、干燥，注意防寒保暖及防暑降温。

二、圈舍

场址应选在地势高燥、通风向阳和避风良好、排水方便的地方，为便于防疫，圈舍留有较充足的活动场地。圈舍要做到夏能防暑、冬能避寒，羊舍多为砖木结构，坐北朝南，呈长方形布局。羊舍内外每日清扫1次，场地、用具等要坚持每周消毒1次。门前应设消毒池，每年进行2次圈舍彻底消毒，有疫情时随时彻底消毒。引进新羊时，一定要先隔离饲养，观察无病后，方可混群饲养。

三、免疫接种

免疫接种是激发羊体产生特异性抵抗力，使其对某种传染病从易感转为不易感的一种手段，有组织有计划地进行免疫接种，是预防和控制羊传染病的重要措施。免疫接种时，首先应注意疫苗是否针对本地的疫病类型；要注意同类疫苗之间的差异，疫苗稀释后一定要摇匀，并注意剂量的准确性；使用前要注意疫苗是否在有效期内，在运输和保存疫苗过程中要低温；按照说明书采用正确方法免疫，如喷雾、口服、肌内注射等，必须按照要求进行，并且不能遗漏；在使用弱毒活菌苗时，不能同时使用抗生素。只有完全按照要求操作，才能使疫苗接种安全有效。

每年春季和秋季各注射羊三联四防苗（羊快疫、羊猝狙、羔羊痢疾、羊肠毒血症）1次，肌内注射或皮下注射，5 mL/只，羊肠毒血症免疫期为6个月，其他疾病为1年。

四、定期驱虫

羊驱虫往往成群进行，在确定寄生虫种类的基础上，根据羊只发育状况、体质、季节特点用药。在羊寄生虫病流行和受威胁的地区，每年要进行预防注射，定期进行药浴、驱虫。药物应选择广谱、高效、低毒驱虫药物，并了解药物的作用范围：如丙硫咪唑类药物对胃肠道线虫、肺线虫和绦虫有效，可同时驱除混合感染的多种寄生虫，但对体外寄生虫无效；阿维菌素类药物对线虫及体外寄生虫有效，但对绦虫和吸虫无效。对低洼阴湿的吸虫高发地区采用硝氯酚、肝蛭净、佳灵三特等药物效果最佳，对绦虫高发区采用吡喹酮、氯硝硫胺、硫酸铜、硫酸二氯酚等驱虫效果较好。

五、消毒及粪便处理

定期对羊舍，用具和运动场等进行预防消毒，是消灭外界环境中的病原体，切断传播途径，防治疫病的必要措施。每年春秋对羊舍各消毒 1 次，常用消毒药有 10%～20%石灰乳和 10%漂白粉溶液。消毒分 2 步，先清扫，后用消毒液按每平方米 1 L 计，喷洒地面、墙壁和天花板。但产房应在产羔前、中、后期进行多次消毒。病羊舍入口应有消毒池或浸有消毒液（2%～4%氢氧化钠）的麻袋片或草垫。地面消毒，主要指运动场地面，可用含 2. 5%有效氯的漂白粉溶液、4%福尔马林或 10%氢氧化钠溶液喷洒消毒。粪便污水消毒，粪便采用生物热消毒法，即离羊舍 100 m 以外把粪便堆积起来，上面覆盖 10 cm 厚的沙土，发酵 1 个月即可。污水应引入污水处理池，加入漂白粉（或生石灰）进行消毒。消毒药用量视污水量而定，一般每升污水用 2～5 g 漂白粉。

六、疫病防治

对于传染病如羊痘、口蹄疫、羊肠毒血症、羊快疫、羊猝狙、羔羊痢疾、破伤风、痒螨、疥螨等要注意其免疫程序及驱虫时间。对于普通病防治如肠炎、腹泻、乳腺炎、肺炎、口腔炎、腐蹄病等，在诊断确诊的基础上，对症治疗，选用其敏感性药物，以提高治疗效果，并经常更换，以免产生抗药性。对特殊病例治疗病症消除后，应维持用药 2～3 d，以巩固疗效。

七、预防中毒

草是羊的良好天然饲料，但有些野草有毒，为了避免中毒，要调查毒草的分布情况。要把饲料贮存在干燥、通风的地方，饲喂前要仔细检查，如果饲料发霉变质应不用。有些饲料本身含有有毒物质，饲喂时必须加以调制。有些饲料如马铃薯若贮藏不当，其中的有毒物质会大量增加，对羊有害。农药和化肥要放在仓库内，专人保管，以免发生中毒。被污染的用具或容器应消毒处理后再用。其他有毒药品如灭鼠药等的运输、保管及使用也必须严格，以免羊接触后发生中毒。

第二节 肉羊场消毒

消毒是实现“预防为主”方针的一项重要举措，其目的是消灭散播于外界环境中作为传染源的病原微生物，以切断疫病传播途径，阻止疫病继续蔓延或传染给人的可能。羊场应实施完善的消毒制度，对羊舍（包括用具）、地面土壤、粪便、污水、皮毛进行定期消毒，保证羊舍环境的健康。

根据消毒的目的分为预防消毒、临时消毒和终末消毒。

根据消毒的对象，也可划分为羊舍消毒、地面土壤消毒、粪便消毒、污水消毒和皮毛消毒等。

一、羊舍消毒

羊舍消毒应按两个步骤进行：第一步是机械清扫羊舍内的污物；第二步是喷洒消毒液。机械清扫加清水冲洗再配合全面的消毒措施，羊舍内的细菌数能够减少90%以上，从而有效预防各类疾病的发生。羊舍消毒常用的消毒药有10%~20%石灰乳、10%漂白粉溶液、3%来苏尔、5%热草木灰或1%苯酚水溶液，也可交替使用百毒杀、毒菌杀、火碱进行定期消毒。羊舍消毒按照地面、墙壁、天花板的顺序依次喷洒。此外，消毒后需要开门窗通风，用清水刷洗饲槽、用具，等消毒药味消散后再让羊进入圈舍。如羊舍为密闭式，可关闭门窗，然后用甲醛溶液熏蒸消毒12~24 h，然后开窗通风 24 h 左右。使用甲醛溶液消毒的用量为每立方米空间 12.5~50 mL，加等量水一起加热熏蒸消毒。无热源时，也可按照每立方米 30 g 的用量加入高锰酸钾。无特殊情况，羊舍消毒可每年春、秋各进行 1 次。产房的消毒应在产羔前进行 1 次，产羔高峰时多次消毒，产羔结束后再进行 1 次。在对病羊舍、隔离舍进行消毒时，除常规的消毒程序外，出入门口处应放置浸有消毒液的麻袋片或草垫；消毒液的配置方法为氢氧化钠溶液 2%~4%（针对病毒性疾病），或用 10%的克辽林溶液（针对其他疾病）。

二、地面土壤消毒

地面土壤消毒可以选择 10%漂白粉溶液、4%甲醛溶液或 10%氢氧化钠溶液。停放过芽孢杆菌所致传染病（如炭疽）的病羊尸体的场所，首先用 10%漂白粉溶液对地面进行喷洒，然后将表层土壤深挖 30 cm 左右，用干漂白粉与土充分混合，随后将此表层土妥善运出并作掩埋处理。被其他传染病污染的地面土壤，需将地面挖掘 30 cm 左右，在翻地时可混合干漂白粉（用量为 0.5 kg/cm^3），随后加水加湿，并将土壤压平。被病原体污染的放牧地区，可以利用阳光等自然因素消除病原体。如果被污染的牧区面积过大，需通过化学消毒药进行消毒。

三、粪便消毒

对羊的粪便消毒可采用多种方法。其中最常用的方法是生物热消毒法，对一般微生物和寄生虫即可有效杀灭。生物热消毒法是在距羊场 100~200 m 处设粪场，将羊粪进行堆积处理，并在上面覆盖 10 cm 左右的沙土使其充分发酵，堆放发酵大约 30 d 即可用作肥料，但粪便被炭疽芽孢杆菌污染则不能使用，必须进行焚烧处理，如果选择深埋处理，不得低于 2 m 深度。

四、污水消毒

被病原体污染的污水，常用化学药品处理法，将污水引入污水处理池，然后加入化学药品进行消毒，所用化学消毒药品为漂白粉或其他氯制剂，消毒药用量视污水量而定，一般每升污水为 2~5 g。消毒后的污水，可将闸门打开使其流出。

五、皮毛消毒

目前广泛采用环氧乙烷消毒法进行皮毛消毒，皮毛消毒后还应放置 3 个月以上，方准运出疫区。

六、兽用器械及用品的消毒

诊疗器械及用品必须经过严格地消毒灭菌，如手术器械、注射器及针头、胃导管、导尿管等；诊疗器械及用品只需一般消毒即可。消毒时应注意以下事项：一是将需要消毒物品进行清洁，去掉表面灰尘及覆盖物；二是所用消毒剂要定期交替使用；三是密切注意消毒药新产品，并及时选用和更换。

第三节　肉羊免疫接种及注意事项

免疫接种是给动物接种疫苗或免疫血清，使动物机体自身产生或被动获得对某一病原微生物特异性抵抗力的一种手段。通过免疫接种，可以使对疫病易感的羊只转化为具有特异抵抗力的羊只。由于生物制品种类的不同，一般可采用皮下、皮内、肌内注射或饮水等不同的接种方法。对于肉羊的免疫接种，各地应当在掌握当地肉羊传染病的种类、发生季节、疫病流行规律的基础上，制订出相应的防疫计划，适时定期进行免疫接种。

一、常规疫苗

疫苗包括弱毒疫苗、灭活疫苗、类毒素。

给羊只接种弱毒疫苗，优点是免疫原性好，能够有效刺激机体免疫系统，激发体液免疫和细胞免疫，免疫期长；缺点是可能出现毒力返强，运输、储存和使用条件要求较高。

灭活疫苗优点是不存在散毒和毒力返强的问题，受母源抗体干扰小，易于存储和运输。缺点是接种麻烦，主要通过注射进行免疫，易出现局部反应而影响胴体品质，接种剂量大，产生免疫力慢，不适于紧急预防免疫。

细菌产生的外毒素，经甲醛处理使其失去毒性，但保留抗原性制成的生物制品称类毒素。接种后动物可产生针对细菌毒素的免疫力，使其毒素失去作用，如破伤风类毒素。

免疫血清具有很强的特异性，用于人工被动免疫，但这种免疫力维持时间较短，一般 2~3 周。

此外还有合成多肽疫苗和基因工程疫苗。

二、免疫程序

1. 预防接种

预防接种是为了防止某种传染病的发生，定期而有计划地给健康羊群进行的免疫接种。如绵羊痘和山羊痘、传染性胸膜肺炎、布鲁氏菌病等。

2. 紧急接种

紧急接种是为了迅速扑灭疫病的流行而对尚未发病的羊群进行的临时性免疫接种。一般用于疫区周围的受威胁区，有些产生免疫力快、安全性能好的疫苗也可用于疫区内受传染威胁而未发病的健康羊，但不能接种处于潜伏期的已感染羊。已感染羊接种疫苗后不但不能获得保护，反而发病更快。因此，在紧急接种后一段时间内，发病羊数可能增加，但大多数羊只能很快产生免疫力，发病数不久即可下降、停止增加。

三、注意事项

免疫接种前，应仔细检查羊只的健康状况。凡身体瘦弱羊、体温升高羊、妊娠或分娩不久的母羊、患病羊或有传染病流行时，一般都不宜进行免疫接种。

疫苗等在使用前要逐瓶检查。凡过期失效、瓶体有破损、瓶塞松动、没有瓶签或瓶签不清、制品的色泽和形状与说明书内容不符或没有按规定方法保存的疫苗均不能使用。

免疫接种的用具检查。包括疫（菌）苗稀释过程中使用的非金属器皿，使用前必须经过清洗、消毒。当接种结束后，应及时将所用器皿及剩余疫苗经煮沸消毒，然后清洗，以防散毒。

免疫接种时，注射器械和针头必须经过严格消毒。吸取疫（菌）苗的针头，要做到一羊一针头，以避免将带菌（毒）羊的病原体传给健康羊。疫（菌）苗的用法和用量以说明书为准，用前充分摇匀，开封后当天用完。

接种弱毒活菌苗前后 1 周，羊群应停止使用对菌苗敏感的抗菌药物。各种疫（菌）苗接种前后，应加强羊群的饲养管理，注意青绿饲料的供给，以缓解应激反应。

注意观察免疫接种后羊群的表现。免疫接种后，可能出现短时间的体温和食欲变化，但如出现体温明显升高，食欲不振，精神萎靡或表现出某种传染病的症状时，必须立即隔离治疗。

注意疫苗的温度。灭活苗、类毒素、血清等必须保存在低温、干燥、阴暗处，温度维持在 2～8℃。羊链球菌氢氧化铝苗、羊肺炎支原体氢氧化铝灭活苗和山羊传染性胸膜肺炎氢氧化铝苗等保存的最适温度是 2～4℃。弱毒苗（如山羊痘细胞化弱毒苗）最好在 −15℃或更低的温度条件下保存。各种超过保存期限的制品不得使用。

第四节　肉羊生产中常用药物的合理使用

一、给药方法及合理用药

在临床中，羊的给药方法众多，选择时主要考虑疾病状况、药物性质、羊的个体差异等。此外，在疾病的治疗过程中，给药方法不同，对药物的吸收速度、药效开始时间与维持时间和药物性质的变化等会有影响，所以应根据合理的判断，选择合适的给药方法。

1. 群体给药法

常见的群体给药法有以下几种。

（1）混饲给药。指在饲料中均匀混入药物，羊在饲喂饲料的同时服进药物。此法的优点是操作简捷，不溶于水的药物、长期投药过程中常用此方法。混饲给药时注意药物与饲料必须均匀混合，并对饲料中药物所占比例进行精准的把握。对适口性较差的药物，可应用少添多喂的方法进行混饲给药。

（2）混饮给药。指用水将药物溶解后，通过羊的自由饮水完成给药，某些疫苗的投服可使用此方法。如果羊因病无法进食但还能饮水，混饮给药是较好的方法。在给药过程中，计算药量与药液浓度时，可根据羊可能的饮水量来判断。为确保每只羊都能饮到一定量的药和水，在给药前可先停止饮水半天。此外，饮水给药应确定所用药物能溶于水，对于长时间浸于水中易变质的药物，应对饮用药液进行限时，以避免药物失效或引起其他副作用。

（3）气雾给药。指以气雾剂的形式将药物喷出，并分散成小的微粒，让羊经呼吸道吸入或作用于皮肤黏膜的一种给药方法。由于羊的肺泡面积较大，并有丰富的毛细血管，应用气雾给药的优势是药物吸收快、药效发挥作用迅速，除起到局部治疗作用外，经肺部吸收后全身治疗作用也较为明显。

（4）喷淋给药。指在羊群经常活动的场所，如羊舍、运动场等，通过药物喷淋起到消毒杀虫的作用。

（5）熏蒸给药。指利用甲醛溶液和高锰酸钾，或用甲醛溶液和氨水等产生的化学作用，使药物因蒸发散发出刺激性气味，最终实现灭菌杀虫的目的，一般在羊舍消毒中较常使用。熏蒸法给药时，盛放药物必须用金属器具，羊舍温度不能低于15℃，羊舍内动物全都移出，羊舍尽可能密闭。熏蒸完毕将门窗打开，通风时间30~40 min后，再将羊只赶入羊舍。

2. 口服给药法

（1）自由采食法。将药物按一定比例与饲料或饮水进行均匀混合，让羊自由采食或饮用，在大群羊的预防性治疗或驱虫中经常使用。

（2）长颈瓶投药法。将药液灌入长颈的橡皮瓶、塑料瓶或酒瓶内，将羊的头部抬高，直至口角与眼呈水平状态，操作者右手拿药瓶，左手用食指、中指自羊右口角伸入口中，随后将左手抽出，待瓶口到达舌面中部位置，即可将瓶底抬高使药物灌入。

（3）药板给药法。舔剂给药专用此方法。将药物按一定比例混入面糊内，加工成舔剂。操作者站在羊的右侧，用左手的食指、中指自羊右口角伸入口中，将舌面压住，同时用大拇指将上颌抵住或直接将舌拉出，使口腔打开。药板前部抹取药物后，右手持药板从右口角迅速送入口内直达舌根部，然后翻转药板将药抹在舌根部，确定羊咽下后进行第二次给药，可反复进行多次直至药物给完。

（4）口腔灌药法。少量的粉剂，研碎的片剂等药物多用此方法。通过与少量的水混合制成混悬液，并口腔灌药。

（5）徒手投药法。抬起羊头，由他人辅助张开羊口腔，投药者将片剂和丸剂迅速放入口腔内靠近舌根上部的位置，之后将口腔快速合并，用手在咽喉由上而下轻轻按压，辅助羊将药物吞下。

3. 胃管给药法

胃管给药法分为经鼻腔插入与经口腔插入 2 种给药方法。经鼻腔插入给药时先将胃管插入病羊鼻孔，沿下鼻道缓慢将胃管送入，当胃管达咽部时可感觉阻挡，待羊行吞咽动作时，将胃管送入食道，若不吞咽，则可来回抽动胃管以诱发其吞咽行为，进而通过胃管给药。经口腔插入给药则是将先装好的木质开口器固定于羊头部，胃管经过木质开口器中间孔，并沿上颚插入羊咽部，借其吞咽动作进入食道并继续深送，抵达胃内。当胃管接入正确后，可接上漏斗灌药。

4. 注射给药法

（1）皮下注射。病羊注射部位通常选颈部、股内侧皮肤的松软处进行注射。在进行皮下注射时，检查者以左手捏起病羊注射部位的皮肤，右手将注射器针头斜角度穿刺皮肤，若感觉针头可进行左、右自由活动，即可将药物进行注射。皮下注射通常适用于易溶解且无刺激性药物、疫苗注射。

（2）肌内注射。注射部位通常为颈部。注射方法同皮下注射，但其与皮下注射的区别在于注射过程检查者需以左手拇指与食指呈“八”字形按压肌肉，注射器针头需与肌肉组织呈垂直角度，将药物注入。肌内注射适用于刺激性较小且吸收较缓慢药液的注射。

（3）气管注射。在进行气管注射时要求对病羊进行侧卧保定，使头抬高、臀低下；将注射管针头穿过气管软骨环并垂直气管刺入，穿刺后需摇动针头，当感觉针头进入气管后接上注射器并抽动活塞，见气泡后可注入药液。气管注射适用于发生气管、支气管或肺部疾病病羊的治疗。

（4）静脉注射。注射部位通常选择颈静脉。进行注射前需将注射部位毛剪除并涂抹碘酊，检查者先以左手按压病羊靠近心脏一端静脉，使其保持怒张，右手把持注射器，针头朝上刺入该处静脉，若发现血液回流可表示针头插入静脉，右手推活塞将针管内药液注入。

（5）皮内注射。常选择病羊颈部皮内注射，注射前需对注射处局部皮肤毛剪除，涂抹碘酊消毒，应用小号针头与注射处皮面保持平行方向穿刺，当针头的斜面均完全进入皮内后，左手将针头与针筒的交接处压迫固定，右手推注药液，至在病羊皮肤表面上形成小圆形的丘疹为止。

5. 灌肠法

灌肠是指用导管自肛门经直肠插入结肠，并向直肠内灌入大量药液、营养物质、温水、肥皂水、淡盐水等，使其直接作用于直肠黏膜，达到供给药物、营养、水分等治疗疾病的目的。此外，它还能刺激肠蠕动，软化、清除粪便，降温，稀释肠内毒物并减少吸收。根据橡皮管插到肠内深浅，灌肠法包括浅部灌肠和深部灌肠。浅部灌肠有助于排出直肠内的积粪。深部灌肠能够治疗肠便秘、直肠内给药或者给病羊降温等。

6. 药浴

为了对羊的体外寄生虫病进行预防与治疗，需要通过药浴进行有效控制。药浴的时间通常选在体外寄生虫活动频繁的季节或在夏末秋初进行。根据药浴的方式进行划分，主要有池浴、淋浴和盆浴3种形式。

（1）药浴液的配制。目前常使用溴氰菊酯、螨净、舒利宝等作为药浴液，药浴液与饮用水的配置比例应按说明书的要求进行，药浴液需要加热使其温度保持在20~30℃。

（2）药浴方法。①池浴法是在特设的药浴池里进行药浴的方法。药浴池常见形式为水泥建筑的沟形池，进口处为广场，羊由广场通过一狭道至浴池，浴池进口做成斜坡，羊由此滑入浴池内，在入池药浴2~3 min后即可放羊出池。②淋浴法是在进一步改进提高池浴方式基础上，在特设淋浴场中进行药浴的方法。药液按规定浓度配制好，将羊群赶入淋浴场中，启动水泵进行喷淋，待2~3 min后羊全身被淋透后即可将水泵关闭，将淋浴后的羊只赶入围栏中，等待3~5 min即可放出。③盆浴法是在适当大小的盆或缸中将药浴液配置好，将羊只逐个放入药浴盆或缸中进行药浴的方法，水温需保持在30℃左右。羊体浸泡时间为2~3 min，对于头部可将其迅速浸入药液中2~3次，每次1~2 s即可。

二、合理用药注意的问题

（一）各种脱水及水中毒的鉴别

（1）等渗性脱水。羊患有羔羊痢疾、胃肠炎等常导致此症状。病羊表现出皮肤干燥、弹性降低，血压不稳定或下降，甚至引发休克。血容量不足，血液相对浓缩，肾血流量减少，肾小球滤过功能障碍，同时醛固酮和抗利尿激素明显增多，加强了肾小管对Na^+、H_2O的重吸收作用，造成尿量减少。等渗性脱水的治疗原则是减少水和钠的丧失，对机体补充复方盐水或生理盐水。

（2）高渗性脱水。高渗性脱水一般是由于断绝水源、出汗量过大、脱水剂的大量应用及大量丢失消化液等情况造成。病羊表现出精神烦躁，不吃不喝，口干舌燥，皮肤弹性下降，尿少，尿比重增高，大脑细胞缺水严重时将出现昏迷以及其他脑功能障碍。治疗原则是补充已丧失的液体，口服或静脉输注5%葡萄糖或低渗盐水溶液。

（3）低渗性脱水。病羊主要表现出尿液初多后少、软弱无力、厌食、视觉模糊、血压不稳定。当脑细胞出现水肿将导致昏睡、昏迷或休克等。治疗原则是补充血容量，纠正体液的低渗状态，静脉滴注含盐溶液或高渗盐水。

（4）水中毒。指水摄入量超出排水量的能力，一般是在肾功能急性衰竭、排出水量减少的情况下，输入过多低渗液或因摄取过多水分引发脱水低钠症进而引发水中毒。治疗原则是及时补充盐分，严格控制进水量，促进体内水分排出，可根据情况注射高渗盐水、强利尿剂等。

（二）抗菌药物的临床选择

抗菌药物能够有效治疗感染性疾病，其中病原体的类型和性质对于抗菌药物的选择有决定性影响，在临床实践中，应对疾病的致病微生物进行正确判断，并结合病原微生物的药敏试验和分离试验，确定病原体的类型和特征，从而正确选用抗菌药物。

（1）治疗疖、痈、呼吸道感染、败血症、脑膜炎等疾病。青霉素G（敏感株）或耐酶新霉素（抗药株）是首选药物，红霉素、四环素、复方磺胺增效剂（SMZ-F-TMP）、庆大霉素、卡那霉素或先锋霉素等是次选药物。

（2）治疗蜂窝织炎、丹毒、呼吸道感染、败血症等疾病。青霉素G是首选药物，红霉素、四环素或复方抗菌增效剂是次选药物。

（3）治疗气性坏疽。青霉素G加破伤风抗毒素是首选药物，四环素加破伤风抗毒素是次选药物。

（4）治疗破伤风。最佳药物治疗方案是青霉素G加破伤风抗毒素。

（5）治疗皮肤、内脏感染。最佳治疗药物是青霉素G，红霉素、四环素、庆大霉素及先锋霉素是次选药物。

（6）治疗肺炎、泌尿道感染。最佳治疗药物是多黏菌素或庆大霉素，链霉素、复方抗菌增效剂、卡那霉素、四环素等是次选药物。

（7）治疗李斯特菌病。最佳药物是链霉素，其次可选择红霉素、四环素及磺胺类药物。

（8）治疗烧伤及其他感染。最佳药物是庆大霉素或多黏菌素，其次可选择的药物有羧苄青霉素。

（9）治疗细菌性痢疾。最佳药物是复方磺胺增效剂，其次可选择的药物有四环素类、黄连素及巴龙霉素。

（10）治疗伤寒。最佳药物是氨苄青霉素、甲砜霉素或复方磺胺增效剂。

（11）治疗结核。最佳药物是异烟肼加链霉素、异烟肼加利福平，其次可选择异烟肼、卡那霉素、利福平加乙氨醇进行治疗。

（12）治疗阴道、肠道、皮肤、指甲真菌病等疾病。最佳药物是两性霉素、制霉菌素、灰黄霉素，其次可选择的药物有克霉唑、红霉素。

（13）治疗山羊传染性胸膜肺炎、非典型性肺炎。最佳药物是四环素、土霉素、金霉素，其次可选择红霉素、链霉素。

（三）糖的应用

（1）口服大量蔗糖。研究结果显示，口服进入瘤胃内的蔗糖，微生物将对其进行发酵，并转化成低级脂肪酸。此外，在瘤胃中，糖被酵解形成大量乳酸，进入血液的D-乳酸可迅速向丙酮酸转变。因而当瘤胃内聚集大量乳酸及其他酸性物质时，瘤胃酸中毒的可能性将增大。因此，兽医工作者应注意，在治疗过程中口服蔗糖并无益处。若想要促进羊体内葡萄糖的形成，补给葡萄糖的前体效果比较好，如丙酸、甘油等。

（2）静脉注射大量浓葡萄糖液。对于奶山羊来说，通过静脉注射补给5%葡萄糖液，被羊体利用率较高，但通过喂食方法补充大量10%~50%的浓葡萄糖液，效果并不理想。当人为因素引发高血糖时，羊通过机体自身功能进行调节，从而使反刍次数减少，瘤胃蠕动减弱或停滞，严重情况下将造成前胃弛缓。由此可见，静脉注射大量葡萄糖适得其反。

第五节　肉羊的疾病防控

一、健全饲养管理流程

在肉羊养殖过程中，常发生的疾病是传染病和寄生虫病。肉羊患病还可能将病菌传染给人类，对人们的生命健康造成巨大威胁。所以，应及时做好肉羊卫生防疫工作及疾病预防工作，避免肉羊感染各类传染病和寄生虫等疾病，提高肉羊的饲养效率和质量。在管理流程中可分为以下几点。

第一，在羊场选址和管理方面应尽量和生活区域分开，避免靠近公路、学校、工厂等区域。生产区域和畜舍口的位置应设置消毒处及更衣室，饲养人员和其他工作人员进入羊舍中时应更换服装，并且经过消毒再允许进入。各种饲养设备和器具应保持固定，消毒池中的液体要定期进行更换，提高消毒效果。禁止在羊场中屠宰羊只，也不能随意丢弃病羊、死羊。

第二，饲养环节应做好饲养管理工作，提高肉羊抵抗力，进行科学喂养。饲养人员应将肉羊按照品种、体质、年龄等进行区分，做到精细化饲养。同时，加强饲料和饮水管理工作，不能使用变质饲料或含有农药的草料喂养肉羊，也不能让肉羊饮用污水。饲料调配过程中注意其中各种营养物质的搭配。

第三，做好羊场卫生管理。饲养人员定期对肉羊使用的器具、活动场所及羊舍进行消毒，使肉羊生存环境中不含有各类病原体，阻断各种病原体传播的途径，避免病羊发生疾病。及时清理羊舍中的粪便和堆积物，清除其中存在的寄生虫或病原体。在消毒液的选择上可使用2%的火碱、20%的石灰乳及1.5%的漂白剂等。通常在每年的春季和秋季对羊场进行彻底消毒，如果在养殖过程中发生重大疫情，应使用火碱随时消毒。

第四，肉羊患病时及时做好诊断和治疗。肉羊养殖过程中应随时观察肉羊的精神状态及生长情况，做好疾病的早期诊断。当肉羊出现精神萎靡、食欲不振等现象时，应及时作出正确诊断，并采取相应的疾病预防措施，隔离病羊，避免疾病范围进一步扩大。为避免肉羊患寄生虫病导致其身体消瘦，生长缓慢，应及时对肉羊进行驱虫，驱虫时间可选在春季和秋季分别驱虫1次。

二、建立完善的防疫制度

1. 引入时的检疫

第一，避免从发生疫情的区域购买肉羊；第二，当从外部引入羊只时，不能立即放置在羊场中，应做好隔离检验工作，至少持续1~2个月，当确认羊只健康时，再将其和羊场中的羊只进行混养；第三，在羊只处于隔离检验阶段时，如果羊只是从市场中买入的，应对其接种几类常见的传染病类型的疫苗；第四，如果是从国外引进的，还应进行口岸检验，在羊只正式进入羊场前，应进行隔离检疫，一旦发现患病羊只立即做出处理。

2. 完善免疫流程

在肉羊养殖过程中，应制定完善的免疫流程，做好免疫注射和药物预防等工作。首先，在免疫注射方面：免疫注射是肉羊传染病预防和控制的重要措施，免疫注射分为两种形式，第一，预防注射；第二，紧急注射。在实际养殖过程中，饲养人员应根据饲养区域容易发生的传染病种类、传染病发生规律、肉羊年龄、接种疫苗的性质等各种因素制定一个完善的免疫流程，为免疫注射环节奠定基础，防止肉羊患病。

其次，在药物预防方面，需注意以下问题。其一，不能滥用药品。在使用药物防治时，应首先考虑肉羊的安全性，同时还应具有良好的使用效果，这样才能使药物产生效果，同时延长药物的使用时间。当前出现大量滥用抗生素的现象，无论肉羊患哪种类型的疾病，使用同一种抗生素，且剂量掌握不准，导致药物效果不佳。还有部分羊场长期在肉羊饲料中添加抗生素，导致抗药菌株盛行，因此，应避免滥用抗生素的现象。其二，避免积累中毒。当肉羊肝脏、肾脏等功能较弱时，对药物的代谢能力较弱，容易在肉羊体内积累毒素，导致肉羊出现积累中毒的现象。为避免这种现象，应在用药一段时间之后停药一段时间，待毒素完全代谢之后再进行药物治疗。

第六节　肉羊的一般保健

一、夏季羊群饲养与保健要点

1. 合理饲喂

在饲料方面要尽量选择营养丰富、适口性良好的饲料，并且在饲料的调制过程中可以适当增加精料的比例，将精料的添加量由7%提高到10%。另外，精料最好是由多种精料混合而成的。同时粗料可使用适口性较好的青干草或者青绿多汁的青贮料。可根据实际的养殖情况在羊群的饲料中添加一些具有预防保健作用的药物，如健胃消食、清热解毒的药物和维生素类药物等。

2. 药浴

夏季是给羊群进行药浴的理想时机。肉羊养殖场要建有药浴池，规格一般为深1~1.5 m、宽0.8~1 m、长3~10 m，在入口和出口处要设置有围栏，出口处要铺成有一定坡度的滴流台，药浴完成的肉羊在上面停留数分钟，使羊体的药液流回池中。池中药液的深度要根据所饲养羊群的体高来确定，以到达羊的脖颈处为宜。其中常使用的药液有0.1%~0.2%的双甲脒溶液、0.05%的敌百虫溶液、0.05%的辛硫磷溶液、0.03%的林丹乳油等，药液要现配现用，不可以长时间存放和使用，否则会失去药效，达不到使用效果。在给羊群进行药浴时要选择晴朗无风的天气，药浴前的8 h要禁止羊群采食饲料，药浴前的2 h要让羊群饮足水，以免羊在药浴的过程中饮用药液而发生中毒。药液的温度保持在30℃左右。

3. 加强消毒

首先要保持羊舍的环境卫生，每日都要打扫圈舍，将舍内的粪污及时的清理，并将其堆放到指定的地点进行堆积发酵。然后定期对运动场和圈舍环境以及工具、用具、设施等进行消毒。羊舍内消毒时可以使用10%~20%的石灰乳、草木灰或者3%的来苏尔。运动场可以使用3%的漂白粉或者5%的氢氧化钠进行喷洒消毒。在羊场和羊舍的门口要设有消毒池和消毒盆。对皮肤以及黏膜的消毒一般选择使用75%的酒精或者碘伏，进行创伤消毒时可以使用0.1%~0.5%的高锰酸钾溶液。对于粪污消毒则使用生物热消毒法。

4. 免疫接种

肉羊养殖场要根据当地以及本场的疫病发生情况制定适合本场的免疫程序，并要严格地按照免疫计划接种相关的疫苗。我国用于预防羊传染性疾病的疫苗主要有布鲁氏菌精型2号弱苗、破伤风抗毒素、羊肺炎支原体氢氧化铝灭活苗等。疫苗要选购自正规的厂家，在使用时要注意用法和使用剂量。

5. 驱虫与杀灭蚊蝇

在驱虫时要选择高效、广谱、低价的驱虫药，常用药为丙硫咪唑、左旋咪唑、灭虫丁等，在驱虫时可小面积试用，然后再进行全体的驱虫，驱虫后的粪便要集中发酵处理，以彻底的杀灭虫源。另外，夏季蚊蝇较多，不但会影响到羊群的采食和休息，还易传播疾病，因此还要做好蚊蝇的杀灭工作，除了要保持良好的卫生外，还可以使用些药物，如敌百虫来杀灭蚊蝇。

二、冬季肉羊养殖应注意的问题

1. 保暖

冬季养殖肉羊首要的工作就是做好羊舍的保温工作。一般育肥羊舍内的温度最好不要低于0℃，羔羊舍的温度要求不低于8℃，产房对温度的要求较高应保持在10~18℃。

对羊舍内的墙壁、窗户、屋顶进行认真检查，如发现有漏洞或漏缝的地方要及时进行修补，以防止冬季漏风漏雪。在羊舍的门口以及窗口可设置挡风的帘子，或者用塑料布将窗户封上，可以起到保暖防风的作用。对于过于寒冷的天气可在舍内生火炉来取暖。但是要注意适当的通风，防止发生一氧化碳中毒，并且冬季为了保暖，舍内的有害气体浓度较高会影响羊群的健康，在保暖的条件下进行合理的通风换气可降低舍内有害气体的浓度。

2. 保群

在初冬季节，有些地方仍然选择放牧的方式来饲养肉羊，因在冬季也能够让羊群吃到适合的牧草，并且还可让羊群有充足的运动量，呼吸到新鲜的空气，这对于提高羊只的体质，锻炼其抗寒、抗病能力都非常重要。要尽量选择向阳、背风的地方。但到了深冬季节，天气极为寒冷，则不适宜放牧，此时就要转变饲养方式进行舍饲饲养，注意在舍饲饲养下也要保证羊群有一定的运动量。舍饲条件下，要注意掌握合适的饲喂方法，根据羊群不同的生理状态以及体况来调整日粮，对于体质较为虚弱的羊要特殊照顾，可以多喂些多汁饲料，增加精料的饲喂量。

3. 保膘

在冬季做好饲草饲料的贮备工作，以给肉羊提供充足且优质的青干草和农作物秸秆，另外还要注意精料的补饲，及时补充玉米、豆粕、麦麸等精料，保证肉羊在冬季也同样能获得充足且配比合理的营养物质。通常要求每日每只肉羊能吃到 200 g 精料，对于留为种用的羊，每日每只则应保证精料的饲喂量为 500~600 g，以使其充分的发挥繁殖性能。在冬季也要给肉羊提供充足的饮水，每日保证让羊饮水 2~3 次，水的温度应保持在 18℃左右。母羊的保膘工作很重要，要给母羊提供充足的营养，在妊娠前期和妊娠后期要根据母羊实际的体况来提供日粮，以确保母羊自身及胎儿的健康。

4. 保胎

保胎工作是冬季肉羊养殖的关键。将公羊和母羊分群饲养，防止公羊追逐、爬跨妊娠母羊而导致流产。对于妊娠母羊，尤其是妊娠后期的母羊要尽量单圈饲养，并且圈门要宽一些，防止母羊受到挤压和冲撞而流产。妊娠母羊在冬季也要有一定的运动量，但是要注意在赶羊时不可粗暴对待，并且要尽量避免拥挤，防止机械性流产的发生。饲喂母羊的饲料要求优质且不发生霉变，必须饮用温水。放牧时，避免让母羊进行远牧，并尽量选择较为平坦的地点，防止怀孕母羊受到惊吓、争跳、跌滑，较为恶劣的天气则不可让孕羊放牧。

5. 保健

在秋末冬初季节，按照本场的免疫计划对羊群进行免疫接种。另外，在冬季到来前要对羊群进行一次彻底全面的驱虫工作，驱虫药要选择广谱、高效的药物，如敌百虫、伊维菌素等，可拌于饲料或饮水中让羊食用。对于驱虫后排出的粪便要统一处理，以杀灭虫源。要做好羊舍日常的清理工作，经常打扫圈舍，及时清理粪污，保持舍内清洁。即使在冬季也要经常刷拭羊群的体表和羊毛，可起到促进血液循环，增强体质的作用。

第九章　肉羊传染病防治

第一节　病毒性疾病

一、羊痘病

羊痘俗称“羊天花”，是由羊痘病毒引起的一种急性、热性、接触性人畜共患传染病。该病以无毛或少毛的皮肤及黏膜上生痘疹为特征。典型病例初期为丘疹，后边为水疱、脓疱，最后结痂。我国将绵羊痘和山羊痘列为动物一类传染病。

（一）病原及流行特点

羊痘病毒属于痘病毒科，山羊痘病毒属成员，为有囊膜的双股DNA病毒，病毒粒子直径为100～200 nm，呈砖形或卵圆形，包括山羊痘病毒和绵羊痘病毒两种。该病毒主要存在于病羊的痘疱、浆液及水疱皮内。羊痘病毒对热、直射阳光、碱和大多数常用消毒药（酒精、碘酊、升汞、福尔马林、来苏尔、石炭酸等）较为敏感。该病毒耐干燥，在干燥泡皮内能生存数年，在干燥羊舍内可存活8个月。

该病主要通过呼吸道及含病毒的飞沫和尘土传染，也可通过损伤皮肤及消化道传染，被病羊污染的用具、饲料、垫草及病羊的粪便、分泌物、皮毛和外寄生虫都可成为传播媒介。该病多发生于春秋两季，常呈地方性流行或广泛流行。

（二）临床症状

羊痘病毒主要感染绵羊和山羊。绵羊痘的病原为绵羊痘病毒，只能使绵羊发病，具有典型的病理过程，是多种家畜痘病中危害最为严重的一种；山羊痘的病原为山羊痘病毒，只能使山羊发病，此病较少见，其临床症状和病理变化与绵羊痘相似，但症状较轻。典型的发病过程分为前驱期、发痘期、化脓期和结痂期四个阶段。一过型羊痘仅表现轻微症状，不出现或仅出现少量痘疹，呈良性经过。

1. 绵羊痘

病羊突发高热，体温可高达41～42℃，食欲减退，精神不振，眼结膜潮红，鼻流浆液性、黏液性或脓性分泌物，呼吸和脉搏加快，1～2 d后出现痘疹。痘疹常发生于皮肤无毛或少毛处，多见于头部、眼周围、唇、鼻、颊、四肢、尾股侧、阴唇、乳房、阴囊和包皮等处。初为红斑，而后形成丘疹，凸出皮肤表面，随后逐渐增大，变成灰白色或浅红色、半球状的隆起结节；结节在几天之内变成水疱，水疱内容物初似淋巴液，后变成脓性即形成脓疱；脓疱破溃后，若无继发感染，则在几天内干燥变成棕色痂块；痂块脱落遗留一个红斑，红斑颜色逐渐变浅痊愈。病羊也可能出现融合痘（臭痘）、出血痘（黑痘）、石痘（结节增大硬固，不变成水疱）、坏疽痘等其他非典型的恶性经过，病死率可达20%～50%。

2. 山羊痘

病羊发热，体温升高达40～42℃，精神不振，食欲减退或废绝，常拱背、发抖、呆立或伏卧，鼻孔闭塞，呼吸急促。

（三）剖检变化

前胃或皱胃黏膜上往往有大小不等的圆形或半圆形坚实结节，单个或融合存在。有的引起前胃黏膜糜烂或溃疡，咽和支气管黏膜也常有痘疹，肺有干酪样结节和卡他性肺炎区，淋巴结肿大。

（四）诊断要点

1. 临床特征

临床幼羊发病较多，为典型痘疹。

2. 剂检变化

咽、气管、肺脏、胃等有特征性痘疹。

（五）防治措施

1. 预防措施

（1）慎重引进。防止引入病羊和带毒羊是关键。新引入的羊只必须隔离检疫 1 个月以上，确认健康后方可混入大群。

（2）定期防疫。每年用羊痘鸡胚化弱毒疫苗或细胞化弱毒冻干疫苗进行预防接种，尾根内侧或股内侧皮内注射，按瓶签注明每只用量，用生理盐水（或注射用水）稀释为每只 0.5 mL，不论羊只大小，每只 0.5 mL，4~6 d 可产生免疫力，免疫期可持续 1 年。

（3）紧急接种。发现病羊和可疑羊应立即隔离治疗；更换垫料，改善羊舍通风条件，消毒；对假定健康羊用山羊痘活疫苗接种，注射剂量也为每只 0.5 mL。

2. 治疗措施

（1）一般采取对症治疗。对皮肤上的痘疹，涂以碘酊或甲紫溶液（紫药水）；水疱或脓疮破裂后，应先用 3%来苏尔或苯酚洗涤，然后涂药；对黏膜上的病灶先用 0.1%高锰酸钾冲洗患处后，涂以碘甘油、甲紫（龙胆紫）溶液、硼酸软膏或四环素软膏等。为防止继发感染，可辅助应用抗病毒药和抗生素等。

（2）中药疗法。可采用葛根汤（葛根 15 g、紫草 15 g、苍术 15 g、黄连 9 g 或黄檗 15 g、白术 30 g、绿豆 30 g）灌服，每日 1 剂，连服 3 剂。病愈后的羊可产生终生免疫力，可用其血清对其他病羊进行治疗（存在一定风险），大羊 10~20 mL、小羊 5~10 mL，皮下注射。

一旦发生疫情应严格按照《中华人民共和国动物防疫法》《重大动物疫病应急预案》《国家突发重大动物疫情应急预案》和《绵羊痘、山羊痘防治技术规范》进行处置。

二、羊小反刍兽疫

小反刍兽疫俗称“羊瘟”或“伪牛瘟”，是由小反刍兽疫病毒引起的一种急性病毒性传染病，主要感染小反刍动物，以发热、口炎、腹泻、肺炎为特征。国际规定本病为 A 类烈性传染病，我国也将其列为动物一类传染病。

本病于 1942 年首次在非洲科特迪瓦共和国发生，近几年在我国的周边国家频频发生，2007 年我国西藏自治区日土县发生疫情，现已严重威胁到我国养羊业的健康与发展。我国政府已经采取了严格的防控措施。

（一）病原及流行特点

小反刍兽疫病毒为副黏病毒科麻疹病毒属成员，为有囊膜的单股负链 RNA 病毒，病毒粒子呈近球形，直径为 120~390 nm。本病毒无血凝性，不凝集猴、牛、绵羊、山羊、马、猪、犬、猫、豚鼠和鸡等动物的红细胞。

本病自然宿主为山羊和绵羊，山羊比绵羊更易感，尤其以 3~8 月龄的山羊最易感；绵羊、羚羊、美国白尼鹿次之；牛、猪等可以感染，多为亚临床经过，野生动物偶然发生。

病羊是本病的主要传染源。病毒存在于发热期的血液、淋巴结、眼结膜、鼻咽部、胃肠道黏膜、肺脏等组织中。主要通过呼吸道飞沫传播，也可经精液、胚胎、哺乳传染给幼羔。

本病主要流行于非洲西部、中部和亚洲的部分地区。无季节性，多呈流行性或地方流行性。

（二）临床症状

本病潜伏期为 4~5 d，最长达 21 d。其临床症状和牛瘟相似，但只有山羊和绵羊感染后才出现症状，其中山羊发病严重，绵羊也偶有严重病例发生。一些康复山羊唇部形成口疮样病变。感染动物临床症状与羊瘟相似。

急性型病羊发病急剧，体温高达 41℃以上，可持续 3~5 d。感染动物烦躁不安，背毛无光，口鼻干燥，食欲减退，流黏液脓性鼻漏，呼出恶臭气体。病初，病羊精神沉郁，食欲减退，鼻流黏液脓性分泌物；反刍减少，粪便变软、呈盘状，严重时剧烈腹泻，呈黄绿色；结膜充血、潮红，流泪；齿龈充血，口腔黏膜弥漫性溃疡和大量流涎，病变部位可能转变成坏死。发病中后期，病羊出现带血水样腹泻，严重脱水，消瘦，怀孕羊可流产。随之体温下降，因二次细菌性感染出现咳嗽、呼吸异常。本病发病率可达100%，在严重暴发时，死亡率可达100%，幼年动物发病率和死亡率都很高。超急性病例可能无病变，仅出现发热即死亡。

（三）剖检变化

可见坏死性口炎、舌面瘀血溃烂；喉头水肿、出血，气管出血、有黏液，肺脏出血；肝脏有坏死性病变；皱胃病变是特征，常见出血，而瘤胃、网胃、瓣胃很少出现病变；肠管糜烂或出血。

（四）诊断要点

1. 临床特征

眼炎、鼻炎、口炎。

2. 剖检变化

肺炎、胃炎、肠炎。

（五）防治措施

（1）防止引入病羊和带毒羊是关键。新引进羊只必须隔离检疫1个月以上，确认健康后方可混入大群。

（2）预防可选择小反刍兽疫病毒灭活疫苗、弱毒疫苗、重组亚单位疫苗等注射。目前我国有关单位所产疫苗临床使用效果尚佳。

（3）控制。在本病的洁净地区发现病例，应严密封锁，扑杀患病羊，隔离消毒。在发病初期尚未确诊本病时，可使用中药及抗生素对症给药和预防继发感染。

一旦发生疫情应严格按照《中华人民共和国动物防疫法》《重大动物疫病应急预案》《国家突发重大动物疫情应急预案》和《小

反刍兽疫防治技术规范》进行处置。

三、羊口蹄疫

羊口蹄疫是由口蹄疫病毒引起的牛、羊、猪等偶蹄类动物共患的一种急性、热性、高度接触性传染病。其临床特征是口腔黏膜、蹄部和乳房皮肤发生水疱和溃烂，俗称“口疮”“蹄癀”。本病危害严重、病原变异性强，被世界动物卫生组织列为A类动物传染病之首。

（一）病原及流行特点

口蹄疫病毒属微RNA病毒科口疮病毒属。病毒具有多型性和变异性，根据抗原的不同，可分为O、A、C、亚洲Ⅰ、南非Ⅰ、南非Ⅱ、南非Ⅲ等7个不同的血清型和65个亚型，各型之间均无交叉免疫性。口蹄疫病毒具有较强的环境适应性，耐低温，不怕干燥。该病毒对酚类、酒精、氯仿等不敏感，但对日光、高温、酸碱的敏感性很强。常用的消毒剂有1%～2%的氢氧化钠、30%的热草木灰、1%～2%的甲醛、0.2%～0.5%的过氧乙酸、4%的碳酸氢钠溶液等。

本病主要靠直接和间接接触传播，消化道和呼吸道传染是主要传播途径，也可经损伤的皮肤、黏膜、乳头等感染。本病传播迅速，流行猛烈，往往在同一时间内，牛、羊、猪等偶蹄动物一起发病，且发病数量多，难以控制，又多沿交通线向四周传播。空气传播对本病的快速大面积流行起着十分重要的作用，常可随风散播到50 km外发病，故有“顺风传播”之说。新疫区常呈流行性，发病率可达100%；而在老疫区，发病率较低。

本病的发生和流行具有明显的季节性，一般秋末开始，冬季加重，春、夏季减少。易感动物的大批流动，污染的畜产品和饲料的转运，运输工具和饲养用具的任意流动，利用污染的牧场、水源和饲料，非易感动物和人员的随意往来及兽医卫生防疫措施执行不严等，均是本病发生、流行的因素。

（二）临床症状与剖检变化

羊口蹄疫的传播途径十分广泛，如空气流通、水源、饲料、饲养操作不当等会引发大面积的羊群感染，通常是由病毒侵入导致传染。在患羊口蹄疫病通常会有 7 d 左右的潜伏期。羊口蹄疫疾病感染通常分为 3 个阶段，症状如下。在羊口蹄疫症状感染初期，感染羊群的体温会逐渐升高，最高可达到 40 ℃左右，体温升高的同时伴随着食欲不振、精神衰退、呼吸加快。在感染中期，病羊会出现大量的糜烂、水疱、溃疡，尤为明显的是在病羊的蹄部和口腔及乳房等部位。感染后期的并发症是水疱和溃烂部位会蔓延至病羊的气管和胃黏膜，进而导致尾部、大小肠黏膜病症的出现，诱发心肌炎，甚至死亡。病羊的水疱破裂后，病羊的体温会逐渐开始下降，根据诊断情况，对症下药后病羊的病情会开始趋于好转。哺乳羔羊对口蹄疫特别敏感，呈现心肌炎症状，死亡率较高。心肌有灰白色或浅黄色、针头大小的斑点或条纹，似虎斑，称为“虎斑心”。

（三）诊断要点

1. 临床特征

口腔、蹄部、乳房有水疱或破溃。

2. 鉴别诊断

注意与羊传染性脓疱病、羊痘、蓝舌病等鉴别。

（四）防治措施

1. 预防措施

（1）慎重引进。防止引入病羊和带毒羊是关键。新引羊只必须隔离检疫 1 个月以上，确认健康后方可混入大群。

（2）强制防疫。按照国家规定实施强制免疫，特别是种羊场、规模化饲养场（户）需严格按照免疫程序实施免疫。

（3）紧急接种。对疫区和受威胁区未发病羊群，选用与当地流行的口蹄疫毒型相同的疫苗，进行紧急免疫接种。

2. 治疗措施

本病经有关部门同意方可用药。根据患病部位不同，给予不同治疗。口腔可用0.1%高锰酸钾、食盐水或3%醋酸洗涤，疮面上涂2%明矾、1%硫酸铜或碘甘油，也可撒冰硼散。局部可用3%甲紫溶液（紫药水）、3%来苏尔或1%福尔马林等洗涤，擦干后涂松榴油或鱼石脂软膏。乳房可用肥皂水或2%~3%硼酸水清洗，然后再涂上青霉素软膏。要定期将奶挤出以防乳房发炎。

为了预防继发性感染，可应用抗菌药物。

一旦发生疫情应严格按照《中华人民共和国动物防疫法》《重大动物疫病应急预案》《国家突发重大动物疫情应急预案》和《口蹄疫防治技术规范》进行处置。

四、羊传染性脓疱病

羊的传染性脓疱病俗称羊口疮，旧称传染性脓疱性皮炎，是由传染性脓疮病毒（又称为羊口疮病毒）引起的一种急性、高度接触性、人畜共患传染病。临床上以唇、鼻、眼睑、乳房、四肢皮肤及口腔黏膜形成红斑、丘疹、水疱、脓疱、溃疡和结成疣状厚痂为特征。本病在世界各地均有发生，我国北方、西北等养羊较多的地方较常见，是羊的主要疫病之一。

（一）病原及流行特点

羊传染性脓疱病病原是羊传染性脓疱病毒，该病毒为痘病毒科副痘病毒属成员，为有囊膜的双股DNA病毒，病毒粒子呈砖形或呈椭圆形的线团样（病毒粒子表面呈特征性的管状条索斜形交叉，呈编织样外观），大小为（200~250）nm×(125~175）nm，一般排列较为规则。病毒对高热和消毒剂都比较敏感，但是在普通的环境条件中具有非常强的抵抗力，该病毒处于羊毛、羊舍等位置能够存活长达6个月，在牧场中能够存活2个月。

该病主要集中在每年的秋季发生，羊群不分品种和年龄，几乎都可以感染患病。主要的发病群体是3~6月龄的羊羔，而且具有非常强的传染性，所以该病一般都是以群发的状态流行，大多数病羊会死亡；而成年羊在生产中感染本病的情况比较少，所以成年羊群中发病大多是呈散发的形式进行传播。病毒主要是通过羊只体表擦伤的皮损部位而侵入机体。如果饲养场内出现病羊或者是引入感染羊只，或者是存在病羊使用过的器具，都会增加健康羊群感染的机会。

（二）临床症状

常在唇、口角、鼻和眼睑出现小而散在的红斑，很快形成豆大的结节，继而成为水疱和脓疱，后者破溃后结成黄色或棕褐色的疣状硬痂。若为良性经过，痂垢逐渐扩大、加厚、干燥，1～2 周内脱落而恢复正常。严重病例，患部继续发生丘疹、水疱、脓疱、痂垢，并相互融合，波及整个唇部、面部、眼睑和耳郭，形成大面积龟裂和易出血的污秽痂垢，痂垢下往往伴有肉芽组织增生，使得整个嘴唇肿大外翻呈“桑葚样”“菜花样”凸起，严重影响采食，病羊逐渐衰弱死亡。

有化脓菌和坏死杆菌等继发感染，可引起深部组织的化脓和坏死，使病情加重。少数病例可因继发细菌性肺炎而死亡。通过病羔羊的传染，母羊乳头皮肤也可发生上述病变。母羊乳头和乳房的皮肤上发生丘疹、水疱、脓疱、烂斑和痂垢（多因羔羊吃奶而传染）。

（三）诊断要点

口角周围出现丘疹、脓疱、结痂及桑葚状增生性肉芽、痂垢。

（四）防治措施

1. 预防措施

一方面，科学引种，严格检疫。引种前一定要了解引进地区的疫病发生情况，禁止从疫区购进羊只。羊群到达养殖场后，必须进行 1 个月以上的隔离观察和严格检疫，并进行多次消毒免疫后确保健康才能混群养殖。

另一方面，强化饲养管理，严格防疫消毒。保持羊舍正常通风透光，温湿度适宜，饲养密度合理。做好粗饲料精细化加工，积极推广秸秆青贮技术，释放秸秆饲料中的营养物质，使秸秆饲料变得更加疏松，增加适口性，避免羊群采食不当的粗饲料而导致口腔黏膜损伤。饲料中可添加适量食盐减少羊异食癖行为，防止出现口腔黏膜损伤。同时，定期对养殖场内外环境、场地、饲槽、饮水槽进行严格消毒，确保养殖场清洁卫生干燥。此外，养殖场应注重疫苗接种工作，对 10 日龄内的羔羊免疫接种羊口疮弱毒疫苗，能够有效预防羊传染性脓疱病的发生。

2. 治疗措施

（1）局部疗法。一般采取对症治疗，先将病羊口唇部的痂垢剥除干净，然后用食醋或 1%高锰酸钾溶液冲洗疮面，再涂抹碘甘油（将碘酊和甘油按 1∶1 的比例充分混合即成）或碘酊、甲紫溶液（紫药水）、冰硼散、鱼石脂软膏、尿素软膏等，每日 2 次，直至痊愈。

（2）全身疗法。应用抗病毒药+抗生素肌内注射，防止肺部继发感染；维生素 C 5 mL，B 族维生素 10 mL，混合肌内注射，每日 1 次，连用 3 d 为 1 个疗程，间隔 2～3 d 进行第二个疗程。

（3）中药疗法。以祛腐生肌、消炎止痛为原则，配制中药和冰硼散、雄黄散、脱腐生肌散等涂敷患部。也可以用金银花、野菊花、蒲公英、紫花地丁各等份，粉碎成末，混合玉米面喂服。

（4）血清疗法。病愈后的羊只能够产生终生免疫力，可用其血清对其他病羊进行治疗，大羊 10～20 mL、小羊 5～10 mL，皮下注射。

五、羊伪狂犬病

羊的伪狂犬病又名“传染性延髓麻痹”“奇痒病”，是由伪狂犬病病毒引起的家畜和野生动物共患的一种急性传染病。临床上以发热、奇痒及脑脊髓炎症状为特征，给养羊业造成了一定威胁和损失。本病主要侵害中枢神经系统，因临床表现与狂犬病相似，曾一度被误认为是狂犬病，后证实是由不同的病毒所引起，被命名为伪狂犬病，以示区别。

（一）病原及流行特点

伪狂犬病病毒在分类上属于疱疹病毒科水痘病毒属，核酸类型为双股 RNA。伪狂犬病病毒具有疱疹病毒的一般形态特征，成熟的病毒粒子由含有基因组的核心、衣壳和囊膜三部分组成。伪狂犬病病毒能在鸡胚及多种哺乳动物细胞上培养增殖，并产生核内嗜酸性包涵体。

病毒在发病初期存在于血液、乳汁、尿液及脏器中，而在疾病后期，则主要存在于中枢神经系统。该病毒对外界环境抵抗力强，畜舍内干草上的病毒夏季可存活 3 d，冬季可存活 46 d。

羊感染伪狂犬病多与带毒的猪、鼠接触有关。本病主要通过消化道、呼吸道感染，也可经受伤的皮肤、黏膜及交配传染，或者通过胎盘、哺乳发生垂直传染。本病一般呈地方性流行或流行性，以冬春季发病较多。

（二）临床症状与剖检变化

临床症状以神经症状最为明显，羔羊表现尤为明显。病羊体温升高，精神不振，呼吸急促，皮肤奇痒，甚至用嘴巴啃咬发痒的部位，在墙上剧烈摩擦，以致奇痒部位出现脱毛甚至出血。病羊烦躁不安，鸣叫，运动失调，并伴有磨齿等神经症状。随着病情发展，肌肉产生痉挛性收缩，四肢无力，口腔有泡沫状唾液排出，直至全身衰弱而亡，病程一般为 2～4d。病死羊剖检可见非常明显的心包积液，心内膜出血，肺脏有出血斑，脾脏出血，胆囊充盈，肝脏呈土黄色，有出血斑，脑膜有充血。

（三）诊断要点

1. 初步诊断

根据病羊发病特点和临床症状及流行病学资料，可做初步诊断。

2. 实验室诊断

采集脑组织、扁桃体、肺脏、脾脏及淋巴结，其中脑组织是理想的病毒分离材料，也可以采集鼻咽洗液、患部水肿液作为病料。

制片后电镜观察，是否有特征性的伪狂犬病病毒粒子。必要时，可做分离培养、动物接种试验和血清学试验等进行实验室诊断。

（四）防治措施

1. 预防措施

（1）本病流行区域可用伪狂犬病弱毒细胞苗进行免疫接种。4月龄以上羊肌内注射 1 mL，接种后 6 d 产生免疫力，保护期可达 1 年。国内研制的牛羊伪狂犬病氢氧化铝甲醛灭活苗，证明有可靠的免疫效果。

（2）尽量不从疫区引种。若购羊，需严格检疫、隔离观察，证实无病后，方可混群饲养。

（3）消灭牧场内的鼠类，避免羊群与猪接触或混养。

2. 治疗措施

一般药物治疗无效，在潜伏期或前驱期，用伪狂犬病免疫血清或病愈家畜的血清可获得良好治疗效果。

第二节　细菌性传染病

一、羊肠毒血症

肠毒血症是魏氏梭菌（产气荚膜梭菌 D 型）在羊肠道内大量繁殖并产生毒素所引起的绵羊急性传染病。该病以发病急，死亡快，死后肾脏多见软化为特征。又称软肾病、类快疫。

（一）流行特点

本病发病以绵羊为多，山羊较少。通常以 2~12 月龄、膘情好的羊为主，经消化道而发生内源性感染。牧区以春夏之交抢青时和秋季牧草结籽后的一段时间发病较多。农区则多见于收割、抢茬季节或食入大量蛋白质饲料时。本病多呈散发性流行。

（二）临床症状

本病的发生多为急性死亡，如放牧时没有任何症状，但第二天早晨已死于圈内。若在放牧时发病，病羊不爱吃草，离群呆立或卧下，或独自奔跑；有时低头作采食状，口含饲草或其他物，却不咀嚼下咽；胃肠蠕动微弱，咬牙，侧身倒地，四肢抽搐痉挛，左右翻滚，头颈向后弯曲，呼吸促迫，口鼻流出白沫，心跳加快，结膜苍白，四肢及耳尖发凉，呈昏迷状态。有时发出痛苦的呻吟。体温一般不高，多于1~2 h内死亡。

病程较长的，最初精神委顿，短时间发生急剧下痢。粪便初呈粥状，为黄棕色或暗绿色，有恶臭气味，内含灰渣样料粒，以后迅速变稀，掺杂有黏液，继而呈黑褐色稀水，内含长条状灰白色假膜，或混有黑色小血块，每次移动时拉成一条粪路，排粪之后往往肛门外翻，露出鲜红色黏膜。羊只有时抖毛、展腰，肠音响亮，有时张口呼吸。大多有疝痛症状。精神沉郁，常低头面墙呆立或独卧于墙角。强迫运动时可见共济失调。最后表现肌肉痉挛，卧地不起，头向后仰，四肢作游泳状，大声哀叫之后死去。个别死前则完全昏迷，静躺不动，口流清水，角膜反射消失，呼吸逐渐衰弱而死。此型病程一般5~18 h死亡，很少超过24 h。

（三）剖检变化

真胃内常见有残留未消化的饲料，肠道（尤其小肠）黏膜出血，严重者整个肠段呈血红色或有溃疡。肾脏软化如泥样，体腔积液，心脏扩张，心内外膜有出血点。全身淋巴结肿大，切面黑褐色。肺脏大多充血、水肿，表面可看到大小不等的出血点，气管及支气管内有大量白色泡沫，胆囊肿大。

（四）鉴别诊断

1. 与炭疽的鉴别

炭疽可致各种年龄的羊发病，临床诊断有明显的体温反应，黏膜呈暗紫色，死后尸僵不全，天然孔流血，脾脏高度肿大，镜检可见有荚膜的炭疽杆菌。

2. 与巴氏杆菌病的鉴别

巴氏杆菌病病程多在1 d以上，临床表现有体温升高、皮下组织出血性胶样浸润。后期呈现肺炎症状。病料涂片镜检可见革兰氏阴性，两极浓染的巴氏杆菌。

（五）防治措施

1. 预防措施

（1）加强饲养管理。主要应避免采食过多的多汁嫩草及精料，经常补给食盐，适当运动。天气突变时做好防风保暖工作。

（2）每年春秋进行 2 次防疫注射。不论年龄大小，每只每次皮下或肌内注射羊四联苗 5 mL。

（3）对病羊所污染的场所、用具等彻底消毒。

2. 治疗措施

发病慢的羊只，用长效磺胺嘧啶钠、生理盐水输液，但液速要慢；或口服磺胺嘧啶片，肌内注射青霉素，3~4 d 病羊逐渐康复；或肌内注射盐酸恩诺沙星注射液，一次量每千克体重 0.5 mL，一日 1~2 次，连用 2~3 d。

二、羊快疫

羊快疫是羊的最急性传染病，发病突然，病程急剧，死亡快，所以称为“羊快疫”。该病特征是消化道内产生大量气体，皱胃和十二指肠的黏膜呈现出血性、炎性变化。

（一）病原

本病病原为腐败梭菌，一种革兰阳性的厌氧大杆菌，菌体正直，钝圆。用死亡羊的脏器，特别是肝脏被膜触片染色后镜检，常见到无关节的长丝状菌体，这一特征对诊断本病有重要价值。该菌在动物体内外均可产生芽孢，不形成荚膜，可产生多种毒素，具有致死、坏死特性。发病多为 6~18 月龄的绵羊，山羊较少发病，主要经消化道感染。

（二）流行病学

腐败梭菌常以芽孢的形式分布于低洼草地、耕地及沼泽之中。羊采食被污染的饲料和饮水后，芽孢进入羊消化道，多数不发病。

在气候骤变、阴雨连绵以及秋、冬寒冷季节，羊感冒或机体抗病能力下降时，腐败梭菌大量繁殖，产生外毒素并引起发病、死亡。腐败梭菌通常以芽孢体的形式散布于自然界，潮湿低洼的环境可促使羊发病，寒冷、饥饿和抵抗力降低时容易诱发本病。本病常呈地方性流行，发病率为10%~20%，病死率为90%。

（三）临床症状

病羊往往来不及表现临床症状即突然死亡，常见在放牧时死于牧场或早晨发现死于圈舍内。死亡慢者，不愿行走，运动失调，腹痛腹泻，磨牙抽搐，最后衰弱昏迷，口流带血白沫。病程极为短促，多于数分钟至几小时内死亡。

（四）剖检变化

尸体迅速腐败膨胀，可视黏膜充血呈暗紫色。剖检时可见真胃出血性炎症，胃底部及幽门部黏膜可见大小不等的出血点及坏死区，黏膜下发生水肿，肠道内充满气体，常有充血、出血，严重者坏死、溃疡、体腔积液，心内外膜可见点状出血，胆囊多肿胀。

（五）鉴别诊断

1. 与羊肠毒血症的鉴别

羊快疫发病季节常为秋、冬和早春，而羊肠毒血症多在春夏之交抢青时和秋季草籽成熟时发生。患羊快疫时常有明显的真胃出血性炎性损害；而患羊肠毒血症时，多无或仅见轻微病损。患羊快疫时，肝脏被膜触片多见无关节长棒状的腐败梭菌；而患羊肠毒血症时，病羊的血液及脏器可检出D型魏氏梭菌。

2. 与羊炭疽的鉴别

羊快疫与羊炭疽的临床症状及病理变化较为相似，可用病料组织进行炭疽阿斯科利氏沉淀反应区别诊断，同时可从病原形态上鉴别。但患炭疽的病羊肛门、阴门流血及其他天然孔出血，且不易凝固，这是与羊快疫较大的区别。

（六）防治措施

1. 预防措施

（1）对全群羊注射羊三联四防疫苗，每年春秋两季各注射1次。

（2）加强饲养管理，防止羊受寒冷刺激，严禁吃霜冻饲料。在易发地区每年春、秋两季注射羊七联血清—羊速清（羊小反刍兽疫、羊痘、羊口疮病、羊肠毒血症、羊快疫、羊黑疫、羔羊痢疾），每年秋冬、初春季节不在潮湿地区放牧。

（3）在易发季节，适当补饲精料，增加营养，提高羊体抗病能力，不让羊采食冰冻饲草，防寒，防止感冒，发现可疑病羊，立即上报有关部门，采取隔离消毒措施，防止疫情扩散。

（4）对病程稍长的病例，在防疫措施保护下，给予每只羊每次肌内注射160万~240万U青霉素，每日2次。

2. 治疗措施

（1）大多数病羊来不及治疗即死亡。对那些病程稍长的病羊，可用青霉素肌内注射，每只羊每次160万~320万U，每日2次。或内服磺胺嘧啶每千克体重0.1~0.2 g，每日2次。

（2）辅助疗法。强心、补液解除代谢性酸中毒。对可疑病羊全群进行预防性投药，如饮水中加入恩诺沙星或环丙沙星等。

（3）血清药物治疗。首先要隔离病羊，同时对发病的羊进行血清药物治疗，推荐方案为羊速清+头孢+干扰素，连用2~3 d，治愈率在90%以上。

三、羊猝狙

（一）病原

羊猝狙是由C型产气荚膜杆菌引起的，以急性死亡为特征，伴有腹膜炎和溃疡性肠炎的羊的急性传染病。

（二）流行病学

羊猝狙发生于成年绵羊，以1~2岁的绵羊发病较多。本病常见于低洼、沼泽地区，多发生于冬春季节，常呈地方性流行。

（三）临床症状

病原随污染的饲料和饮水进入羊的消化道，在小肠内繁殖并产生毒素，引起羊发病。病程短促，常未见到症状就突然死亡。有时发现病羊掉群、卧地、表现不安、衰弱和痉挛。

（四）病理变化

病理变化主要见于消化道和循环系统。胸腹腔和心包大量积液；小肠严重充血、糜烂，可见大小不等的溃疡及腹膜炎等。

（五）临床诊断

根据成年绵羊突然死亡及剖解所见病变，可初步诊断为猝疽。确诊需要从体腔渗出液、脾脏取材做细菌的分离和鉴定，以及从小肠内容物里检查有无毒素。

（六）防治措施

（1）加强饲养管理，提高羊只的抗病能力。

（2）定期注射羊快疫、羊猝狙和羊肠毒血症三联苗。

（3）对发病羊只肌内注射恩诺沙星，1 次量每千克体重 0.5 mL，每日 1~2 次，连用 2~3 d。

（4）对腹泻重的羊，可肌内注射苯唑西林钠每千克体重 0.1 mL，每日 1 次，连用 2 d。预防剂量减半或遵医嘱。

四、羊布鲁氏菌病

布鲁氏菌病是一种人畜共患的慢性传染病。其特征是生殖器官和胎膜发炎，引起流产、不育和各种组织的局部病症。

（一）病原

病原为布鲁氏菌。它存在于病畜的生殖器官、内脏和血液。该菌对外界的抵抗力很强，在干燥的土壤中可存活 37 d，在冷暗处和胎儿体内可存活 6 个月。1%来苏尔、2%的福尔马林、5%的生石灰水 15 min 可杀死病菌。

（二）流行病学

布鲁氏菌病的传染源主要是病畜及带菌动物，最危险的是受感染的妊娠母畜，它们在流产和分娩时，将大量病原随胎儿、胎水和胎衣排出。本病主要通过采食被污染的饲料、饮水经消化道感染。经皮肤、黏膜、呼吸道以及交配也能感染，与病羊接触、加工病羊肉等，如不严格消毒，都容易感染本病。本病不分性别、年龄，一年四季均可发生。

（三）临床症状

本病常不表现症状，而首先注意到的症状是流产。流产前食欲减退、口渴、委顿、阴道流出黄色黏液；流产多发生于怀孕后的第三、第四个月；流产母羊多数胎衣不下，继发子宫内膜炎，影响受胎。公羊表现睾丸炎、睾丸上缩。行走困难、拱背、饮食减少、逐渐消瘦、失去配种能力。其他症状可能还有乳腺炎、支气管炎、关节炎等。患羊呈现关节炎时，在放牧中突然跛行，严重时不能行走，经 1~2 d 很快好转，患肢经常复发。

（四）剖检变化

可见流产母羊胎衣停滞，胎衣呈黄色胶冻样浸润，胎衣增厚，并有出血点。胎儿真胃中有微黄色或白色黏液及絮状物，胃及黏膜和浆膜上有出血点。腹水、胸水微红，皮下呈出血性浸润。肝脾、淋巴结有不同程度的肿胀。公羊可发生化脓坏死性睾丸炎和副睾炎，睾丸肿大，后期睾丸萎缩。

（五）诊断

根据流行病学、临床症状、流产胎儿及胎膜的变化即可确诊。最常用的诊断方法是血清学诊断。其中以平板凝集试验或试管凝集试验为准。

（六）防治措施

1. 预防措施

本病无特效治疗药物，只有加强预防检疫工作来彻底消灭本病。

（1）定期检疫。对羔羊每年断乳后进行一次布鲁氏菌病检疫。成羊两年检疫一次或每年预防接种而不进行检疫。对检出的阳性羊要扑杀处理，不能留养或给予治疗。

（2）免疫接种。当年新生羔羊通过检疫呈阴性的，用“猪型2号弱毒活菌苗”饮服或注射，山羊、绵羊不分大小每只饮服500亿个活菌。如畜群数量大，可按全群羊数计算所需菌苗量，将所需菌苗拌水中，让全群饮服，或拌饲料内让全群采食。如果羊群数少，可用注射器将菌苗逐头注入口内，或将菌苗加入清水中，逐头灌服，或加入饲料中逐头喂服。

2. 治疗措施

注射用量：每只山羊25亿个菌，每只绵羊50亿个菌，肌内注射。

五、羔羊痢疾

羔羊痢疾是初生羔羊的一种急性传染病，其特征是持续性下痢。群众一般称为“下血"“拉稀病”“白痢”。本病常可使羔羊大批死亡。

（一）病原

病原体主要是产气荚膜杆菌的B型。沙门氏杆菌、大肠杆菌及链球菌也有一定的致病作用。本病原对一般常用的消毒药都较敏感。

（二）流行病学

本病主要经消化道传染，多发生于7日龄以内的羔羊，每年立春前后发病率较高，病羔羊和带菌的母羊是本病的主要传染源。天气寒冷骤变能促使本病发生。

（三）临床症状

病羔羊精神沉郁，垂头，弓背，畏寒不吃，常卧地不起。随后发生下痢，排绿色、黄色、黄绿色或灰白色的液状粪便，有恶臭，末期有的排血便，排便时里急后重，以后肛门失禁，流出水样粪便。高度消瘦，体温、呼吸、脉搏无显著变化。如不及时治疗，往往于 2~3 d 内死亡。如后期粪便变稠则表示病情好转，有治愈的可能，应抓紧治疗。

（四）剖检变化

尸体消瘦，可视黏膜黄白，胃黏膜有脱落，胃和肠道充血、出血，肠黏膜上有坏死灶和溃疡等明显的出血性肠炎变化。

（五）防治措施

1. 预防措施

（1）对怀孕后期的母羊要加强饲养管理，冬季做好保膘保胎工作。产房应保持清洁卫生、阳光充足、通风良好、温度适当，地面铺上垫草。羔羊出生后搞好护理，断脐时要搞好消毒。把初乳挤去数滴后再让羔羊吮吸。

（2）在本病流行地区的怀孕母羊，以羔羊痢疾甲醛菌苗预防，第一次在分娩前 20~30 d 内在后腿内侧皮下注射菌苗 2 mL，第二次在分娩前 10~20 d 内于另一侧后腿内侧皮下注射菌苗 3 mL，这样初生的羔羊可获得被动免疫力。

2. 治疗措施

（1）灌服 6%的硫酸镁溶液（应内含 0. 5%的福尔马林）30~60 mL，经 6~8 h 后再灌服 0. 1%的高锰酸钾液 10~20 mL。未愈的可重灌高锰酸钾液 1~2 次。

（2）抗菌疗法。①磺胺脒 1 g、鞣酸蛋白 0. 2 g、碳酸氢钠 0. 2 g，每日 2~3 次。同时每日肌内注射青霉素 80 万 U，每日 2 次，至痊愈。②对症治疗。出现脱水的每日补液 1~2 次，心力衰弱的应强心。

（3）中药疗法。①去核乌梅 6 g、诃子肉 9 g、炒黄连 6 g、黄芩 3 g、郁金 6 g、神曲 12 g、猪苓 6 g、泽泻 5 g，将上述中药捣碎后加水 400 mL，煎汤至 150 mL，红糖 30 g 为引，一次性灌服 30 mL，如还拉稀可再灌 1~2 次。②白头翁、秦皮、黄连、炒健曲、炒山楂各 15 g，当归、乌梅各 20 g，车前子、黄柏各 30 g，加水 500 mL，煎至 100 mL，每次灌服 5 mL，每日 2~3 次，连用 2~3 d。③对急性昏迷的羔羊，可用朱砂 0.3 g、冰片 0.1 g、全蝎 0.25 g，温水灌服，可起急救作用。

第三节　肉羊传染病的防控措施

一、健全兽医卫生制度

卫生状况对于疾病的发生具有直接的影响作用，如果羊的生存环境卫生条件比较恶劣就会导致病原滋生并且会造成疾病的流行与传播，所以在临床实际生产中一定要保证羊生存环境的卫生状况。

要保证羊场及周边环境卫生落实到位，保证羊圈舍清洁干燥、通风良好，注意羊的饲养密度不能过大，这点在夏季羊舍中对于抑制疾病的发生具有比较重要的作用。饲养员要每日清扫圈舍，收集舍内粪便和污染物，采取定点堆积发酵的处理方式，切忌随意丢弃。给羊饲喂的器具应该保证清洁卫生，做好定期消毒工作，避免羊在使用过程中感染疾病。若发现腐烂发霉的饲草和食物，不可饲喂给羊，同时也不能用污水或在太阳下暴晒的水源供给羊饮用。蚊、蝇、鼠是羊场中有多数病原体的宿主和携带者，所以要做好羊舍的灭蝇、灭鼠工作以及羊粪便的无害化处理等。

羊场中若出现羊只不明原因死亡，必须在兽医的监督下采取焚烧、深埋或高温消毒等方式加以处理，坚决杜绝对病死羊随意剥皮或食肉以及任意丢弃尸体等现象，一切都应按照相关规定执行操作。

二、加强饲养管理工作

日常生产中要经常对羊的营养状况进行检查了解，避免出现羊缺乏营养物质而饲养员却并不知道的情况，特别是妊娠母羊和育成羊的营养状况更加重要。羊场若有霉变的饲料、毒草和喷过农药不久的牧草都要尽快处理掉。羊在进行放牧饲养之前应该按照品种、性别、年龄、体质强弱等指标进行合理组群。如果牧区的条件允许还可以对草场进行划区、轮牧，这样能避免牧区出现超载过牧的情况，同时对于草场的再生和更新具有保障效果，除此之外也能避免某些疾病的传播与羊再次感染疾病等情况。放牧之前应该对于天气情况进行了解之后再确定出牧的时间。避免羊在低洼、潮湿的牧地进行放牧，这样可以预防某些寄生虫病和细菌病的传播和流行。

三、严格执行免疫与检疫制度

在条件允许的情况下，羊场应尽量坚持自繁自养的饲养原则，这样有利于减少外源性病原的传入。如果羊场必须从外场引种，必须从非疫区进行羊只的购买，选购前应及时了解当地的疫情状况，并且将羊的检疫措施落实到位。对于新引入的羊不能与原场羊群直接合并，必须先进行隔离饲养，经隔离观察 1 个月且确认健康无病之后才能进行混群饲养。

羊场应根据本地区常发生传染病的种类和疫病的流行情况，制定切实可行且适合本场羊的免疫程序，严格按照免疫程序对羊进行预防接种，以确保羊从出生到淘汰都具有特异性的抵抗能力，降低对疫病的易感性。此外对于给羊接种的疫苗需采取正确的保存、运输和使用操作，以免影响疫苗的质量。有组织、有计划地免疫接种是羊场预防和控制疾病较为有效的措施，夏季来临之前，特别是春季的 2—3 月要根据当地及周围传染病的流行情况，将全群的预防接种工作落实到位。处于特殊生理或发育时期的羊群的防疫工作更要做好。

四、定期做好驱虫和消毒工作

羊场每年要根据当地寄生虫病的流行情况，在春秋季选用广谱驱虫药物对羊群进行一次驱虫操作。不同养羊地区可根据当地具体情况适当增加驱虫次数。羊的粪便要统一收集，采取无害化的处理方式可有效杀死寄生虫的虫卵和幼虫。秋冬季是大多数蠕虫的滋生阶段，所以应加强对蠕虫的驱除工作。秋冬季节，羊一般体质较弱，若在此阶段进行及时驱虫，有利于维护羊群健康。

羊场消毒的主要目的是消灭环境中的病原微生物，切断传播途径，避免羊场内疫病的流行和传播。各羊场要根据实际情况建立切实可行的消毒制度，并按要求严格执行，同时还要重视用药安全。定期对羊舍、用具和运动场等进行预防消毒，是消灭外界环境中的病原体、切断传播途径、防治疫病的必要措施。注意将粪便及时清扫、堆积、发酵，杀灭粪中的病原菌、寄生虫或虫卵。如果羊场内有某种疫病发生，饲养员可以采用火碱进行扑灭性的消毒处理。

第十章　肉羊寄生虫病防治

第一节　寄生虫病

一、羊肝片吸虫病

羊肝片吸虫病又名“羊肝蛭”，是一种严重危害羊、牛等反刍动物的蠕虫病。肝片吸虫主要寄生在羊的肝脏和胆管内，表现为慢性或急性肝实质和胆管炎症或肝硬化，并伴有全身性中毒现象，该病在全国各地均有不同程度的发生，呈地方性流行，能引起大批羊发病甚至死亡，并危害其他反刍动物及猪和马属动物，人亦可感染。

（一）病原及发育史

肝片吸虫，其形状外观呈柳树叶状，刚从胆管中取出时呈棕红色，固定后变为灰白色。其大小随发育程度不同差别很大，一般成熟的虫体大小为长 20～40 mm、宽 9～14 mm，体表生有许多小棘。雌虫在胆管内产卵，卵顺胆汁流入肠道，随粪便排出体外。虫卵呈椭圆形、金黄色，前端较窄，有一个不明显的卵盖，后端较钝。卵壳薄而透明，由四层膜组成，卵内充满卵黄细胞和一个胚细胞。

发育史：虫卵→毛蚴→钻入椎实螺体内→尾蚴→从螺体逸出→囊蚴。囊蚴附着在水草上，羊吞食含有囊蚴的水草而感染。囊蚴进入羊消化道，在十二指肠内形成幼虫，经三条途径到达胆管寄生。一条是穿过肠壁到腹腔，经肝包膜进入肝脏，到达肝胆管内，大多数虫体是从这一途径移行的，也是临床上引起羊急性死亡的原因；

一条是幼虫进入肠壁静脉，经门静脉入胆管；一条是从十二指肠的胆管开口处进入胆管。自尾蚴进入羊体内到发育成成虫，经 3～4 个月。成虫可在胆管内生存 3～5 年。

（二）流行特点

羊肝片吸虫病多发生在夏秋两季，6—9 月为高发季节，各种年龄、性别、品种的羊均能感染；羔羊和绵羊的病死率高。常呈地方性流行，在低洼和沼泽地带放牧的羊群发病较严重。

（三）临床症状

临床上分为急性型和慢性型两种。夏、秋季节时，羊只营养良好，所以通常不见症状表现。进入冬季以后，特别是春季羊只营养状况不良时，临床症状便很快表现出来。对于幼羊，即使寄生很少虫体也能呈现有害作用。一般来说绵羊体内寄生有 50 条以上的虫体就会表现出明显的临床症状。

1. 急性型

感染季节多发生于夏末和秋季。病羊体温升高，被毛粗乱，食欲下降或废绝，腹胀，有时腹泻、黄疸、贫血，常引起大批羊、特别是羔羊死亡。粪检时查不到虫卵。

2. 慢性型

慢性型虽终年可见，但主要发生于冬春季节。病羊食欲不振，此时虫体已寄居于胆管内，表现为贫血，黏膜苍白，逐渐消瘦，被毛粗乱，便秘与下痢交替发生，粪便呈黑褐色。眼睑、颌下水肿。怀孕母羊往往发生瘫痪，甚至流产，母羊泌乳量显著下降，最后因极度衰竭而死亡。

（四）剖检变化

1. 急性型

急性病例主要变化为黏膜苍白，腹腔中充满血水，其中含有幼小虫体。肝脏肿大和充血，呈急性肝炎病变，由于虫体移行破坏微血管，引起出血，有时可见到正在钻入肝脏的幼虫。绵羊往往发生急性死亡。

2. 慢性型

慢性病例肝脏增大、质地变硬，胆管扩大，充满灰褐色的胆汁和虫体。切断胆管时，可听到“嚓、嚓、嚓”的声音。由于胆管内胆汁积留与胆管肌纤维的消失，可以引起管道扩大及管壁增厚，触摸时感觉管壁厚而硬，致使灰黄色或暗紫色的索状物出现于肝脏的表面。

（五）诊断要点

1. 临床特征

消瘦、水肿、黄染检查。

2. 粪便检查虫卵

采取新鲜粪便 5~10 g，用尼龙筛淘洗法或反复沉淀法检出肝片吸虫卵，虫卵呈长卵圆形、金黄色。

（六）防治措施

1. 预防措施

防止羊采食被肝片吸虫囊蚴污染的草，不在低洼潮湿处放牧，及时清扫圈舍。对感染的羊群，每年至少进行 3 次驱虫，虫体成熟前 20~30 d 驱虫（成虫期前驱虫），间隔 5 个月第二次驱虫（成虫期驱虫），再间隔 2 个月进行第三次驱虫。常用预防驱虫药为阿苯达唑每千克体重 10 mg，内服。

曾经发生过肝片吸虫病，又在水洼等地放牧的羊群，应在 5—11 月，每 2 个月注射 1 次碘醚柳胺，预防羊肝片吸虫病。

2. 治疗措施

对患肝片吸虫病的羊只，可肌内注射碘醚柳胺进行治疗，每日 1 次，连续注射 2 次。用药后，通过皮肤和黏膜观察贫血情况，症状未减轻的羊，10 d 后可再进行碘醚柳胺注射治疗。

二、脑包虫病

羊脑包虫病又称为羊脑多头蚴病或羊转头疯，是由多头绦虫的幼虫寄生于羊脑和脊髓引起的一种寄生虫病。以脑炎、脑膜炎及一系列神经症状为特征。本病在我国各省份均有报道，多呈地方性流行，并可引起动物死亡。幼虫寄生在羊等有蹄类的胸内，2 岁以下的绵羊易感。

(一) 病原与发育史

多头蚴的成虫是寄生于犬小肠的多头绦虫，绦虫中期为多头蚴，呈包囊状，囊体由豌豆到鸡蛋大小，囊内充满透明液体，囊内膜附有 100~200 个头节。多头绦虫寄生于犬、狼、狐狸（终末宿主）的小肠内，孕节片脱落随粪便排出体外，节片与虫卵散布于草场，污染饲草、饮水，被羊（中间宿主）吞食进入胃肠道，六钩蚴逸出，钻入肠黏膜血管内，其后随血液到脑脊髓中，经 2~3 个月发育成多头蚴，引起羊的脑包虫病。

(二) 流行特点

本病全年发病，但以 9—12 月多发。2 周岁以内的羊易感，并多见于犬活动频繁的地方。污染严重地区，呈现较高的发病率和病死率。

(三) 临床症状

羊包虫病临床症状主要以神经症状为主，并因囊体寄生部位不同而有所差异。

1. 急性型

与脑炎症状相似，在羔羊中表现明显。病羊体温升高、呼吸急促，兴奋性运动（如前冲、后退或回旋运动等），躺卧，脱离羊群，部分病羊在 1~3 d 内死亡，耐过羊转为慢性。

2. 慢性型

症状表现不明显，常见病羊反应迟钝，行动迟缓，放牧时靠一侧行走，不跟群。后期，精神委顿，不时做转圈运动，或根据寄生部位的差异，出现羊头下垂向前做直线运动，头高举或做后退运动等，站立或运动失衡，并伴有强制性痉挛。患部对侧眼睛失明，后肢麻痹，小便失禁，常衰竭死亡。

(四) 剖检变化

剖开患羊脑部时，在前期急性死亡的病羊见有脑膜炎及脑炎病变，还可能见到六钩蚴在脑膜中移动时留下的弯曲伤痕。在后期病程中剖检时，可以找到一个或更多的囊体，有时在大脑、小脑或脊髓表面，有时嵌入脑组织中。与病变或虫体接触的头骨，骨质变薄，松软，甚至穿孔，致使皮肤向表面隆起。在多头蚴寄生的部位常有脑的炎性变化，如渗出性炎及增生性炎的性质。靠近多头蚴寄生部位的脑组织，有时出现坏死，其附近血管发生外膜细胞增生；有时多头蚴死亡，萎缩变性并钙化。

(五) 诊断要点

1. 临床特征

神经症状、转圈运动。

2. 剖检变化

头骨软化、脑内发现虫体。

3. 变态反应检测病原

用多头蚴的囊壁及原头蚴制成乳剂变应原，注入羊的上眼睑内，如在注射 1 h 后出现直径 1.75~4.2 cm 的皮肤肥厚、肿大，并保持 6 h，则判为阳性。

(六) 防治措施

1. 预防措施

防止犬感染绦虫：对病死羊的脑、脊髓烧毁或深埋处理，防止犬等食肉兽吃到带有多头蚴的脑、脊髓。严格管理牧羊犬，防止犬粪便污染饲料、饮水。

用硫双二氯酚按每千克体重 1 g 药物喂服 1 次，定期驱虫，对护羊犬、羊群，每年 2~3 次。

2. 治疗措施

急性型阶段尚无有效疗法，在后期可用手术法摘除泡囊。

(1) 手术治疗。根据囊体所在部位施行外科手术，开口后，先用注射器吸出囊中液体，使囊体缩小，而后完整地摘除虫体。

手术部位在额顶部，局部剪毛，用2%碘酊消毒，再用75%酒精消毒，在骨质变软的部位作“U”字形切口，切透皮肤及皮下组织，分离皮瓣将它翻过并用线加以固定，但不切破骨膜。切口长宽均为2 cm（注意切口应在低处，及时止血），用圆锯在骨质上开一小孔，用力均匀，使脑膜暴露（同时助手保定好家畜）。确定包囊位置后，用注射针头避开血管刺入脑膜，发现有液体向外流出后，连接注射器并抽动活塞，尽量吸取包囊，直至吸尽为止。如果抽不出液体，在脑内注入95%酒精7~8 mL，即可杀死虫体。取出包囊后，用止血纱布擦拭手术部位，然后加入少量青霉素、把骨膜拉平，遮盖圆锯孔，最后结节缝合皮肤，用碘酊消毒后覆以绷带。

（2）药物治疗。使用吡喹酮进行治量剂量按每千克体重50 mg，连用5 d；或按剂量每千克体重70 mg，连用3 d。据报道，这样用药可取得80%疗效。

三、捻转血矛线虫病

羊捻转血矛线虫病是由寄生于羊的皱胃或小肠的捻转血矛线虫引起的一种寄生虫疾病，是危害养羊业健康发展的主要线虫病之一。本病在我国草地牧区普遍流行，可引起羊贫血、消瘦、慢性消耗性症状，并可引起死亡，给养羊业带来严重损失。

（一）病原及发育史

捻转血矛线虫虫体似线状，呈粉红色，头端尖细，口囊很小，内有一角质背矛。雌虫长15~19 mm，雌虫长27~30 mm，由于红色消化道和白色生殖管相互缠绕，形成红白相间的外观，故称捻转胃虫。虫卵随粪便排出体外后，在适宜的条件下，经4~5 d孵出幼虫，再经4~5 d幼虫经两次蜕皮成为感染性幼虫，感染性幼虫在潮湿的环境中离开粪便，群集在草上，当羊吃草时吞食了感染性幼虫而被感染。幼虫在皱胃内经两次脱皮，过2~3周发育为成虫。寄生于皱胃的捻转血矛线虫主要造成皱胃的炎症和出血，引起羊贫血和营养代谢性问题，甚至衰竭死亡。

（二）流行特点

本病在全国各地有不同程度的发生和流行，羔羊和青年羊发病率及死亡率较高，成年羊抵抗力较强，被感染羊有“自愈”现象。本病发生有一定的季节性，在5—6月和8—10月多发，7月发病略少，冬季发病极少。低洼潮湿的草地有利于本病的传播；在阴天、小雨后放牧，或在露水草地放牧，最易感染本病。

（三）临床症状

感染捻转血矛线虫的病羊症状有轻有重。据报道，2 000条雌虫每日大约使羊损失30 mL血液。受感染病羊主要表现为贫血、衰弱和消化紊乱等。急性型多见于羔羊，常因一次大量感染虫体引起突然死亡。一般为亚急性经过，病羊被毛粗乱、消瘦、精神萎靡，胃肠道炎症，便秘或腹泻，严重时卧地不起、眼结膜苍白，下颌间或下腹部水肿。病程可达2~3个月或更长，大多衰竭死亡。

（四）剖检变化

病死羊尸体消瘦，血液稀薄，呈浅红色，不易凝固。内脏水肿。皱胃内可见大量虫体，虫体吸着在胃黏膜上或游离于胃内容物中。附着在胃黏膜上时如覆盖着毛毯一样，为一层暗棕色虫体，有的绞结成黏液状团块，有些还会慢慢蠕动。而虫体最多的地方是幽门口周围。

（五）诊断要点

根据流行情况和临床症状，特别是剖检后，可见真胃内有大量红白相间的线虫，便可初诊。再根据实验室诊断，无菌采集粪便，涂片检察，发现粪便中有捻转血矛线虫卵，便可确诊。

（六）防治措施

1. 预防措施

（1）驱虫。每年春、秋两季各进行1次驱虫；或者冬季进行1次驱虫。在本病严重的地区或本病严重的羊群，应在5—6月增加1次驱虫。羔羊在当年的8—9月应进行首次驱虫。

（2）加强饲养管理。注意饲料和饮水卫生。放牧时，避开低洼潮湿地或避免吃露水草，以减少感染的机会。

(3) 卫生。每年2次清理圈舍，将粪便堆积发酵处理，消灭虫卵和幼虫；圈舍适时进行药物消毒。

2. 治疗措施

可用左旋咪唑每千克体重6~10 mg或阿苯达唑每千克体重10~15 mg或甲苯达唑每千克体重10~15 mg，混精料喂服或灌服；或者用伊维菌素按照每千克体重0.2 mg进行皮下注射，1次即可。

四、细颈囊尾蚴病

羊的细颈囊尾蚴病俗称"水铃铛"，是由泡状带绦虫的幼虫-细颈囊尾蚴寄生于绵羊、山羊等多种家畜的肝脏浆膜、网膜及肠系膜所引起的一种寄生虫病。本病主要感染羔羊，使其发育受阻，体重减轻，当大量感染时会因用肝脏严重受损而导致死亡。本病在全国各地均有不同程度的发生，羊发病多见于与犬接触较为密切的饲养区和牧区。

(一) 病原及生活史

泡状带绦虫虫体长75~500 cm，链体由250~300个节片组成，头节上有4个吸盘，顶突上的小钩数为30~40个，后部的孕节较长。孕节子宫内为虫卵所充满，虫卵近似圆形，内含六钩蚴。六钩蚴即发育为细颈囊尾蚴，其虫体呈包囊状，内含透明液体。囊体大小不一，最大可至小儿头大小。囊壁外层厚而坚韧，是由宿主动物结缔组织形成的包膜；虫体的囊壁薄而透明。肉眼观察时，可见囊壁上有1个不透明的乳白色结节，为其颈部和内陷的头节，如将头节翻转出来，则见头节与囊体之间具有1个细长的颈部。

生活史：成虫寄生于终末宿主（犬等肉食兽）的小肠内，发育成熟后孕节或虫卵随粪便排出体外，污染草场、饲料和饮水。当（中间宿主）误食了孕节或虫卵后，在消化道内孵化出六钩蚴，钻入肠壁血管，随血流到达肝脏，并由肝实质内逐渐移行到肝脏表面寄生，或进入腹腔内寄生于大网膜、肠系膜及腹腔的其他部位，甚至可进入胸腔寄生于肺脏。幼虫生长发育 3 个月左右具有感染能力。

终末宿主如吞食了含有细颈囊尾蚴的脏器后，细颈囊尾蚴在小肠内经过 52~78 d 发育为成虫。

（二）流行特点

本病全国各地流行。流行原因主要是由于感染泡状带绦虫的犬、狼等动物的粪便中会排出绦虫的孕节片或虫卵，随着犬、狼等动物（终末宿主）的活动污染了牧场、饲料和饮水而使羊群等中间宿主遭受感染。每逢杀猪宰羊时，凡不宜食用的废弃内脏随便丢弃在地，任凭犬吞食，使犬携带泡状带绦虫。犬的这种感染方式和这种形式的循环，在我国基层农村很常见。

（三）临床症状

羔羊症状明显。当肝脏及腹膜在六钩蚴的作用下发生炎症时，可出现体温升高，精神沉郁，腹水增加，腹壁有压痛，甚至发生死亡。经过上述急性发作后则转为慢性病程，一般表现为消瘦、衰弱和黄疸等症状。

（四）剖检变化

细颈囊尾蚴多悬垂于腹腔脏器上。病羊剖检后，腹腔脏器可见肝脏包膜、肠系膜、网膜上具有数量不等、大小不一的虫体包囊，严重时还可在肺脏和胸腔处发现虫体，有时出现腹水并混有渗出的血液。

（五）诊断要点

细颈囊尾蚴病生前诊断非常困难，可用血清学方法，诊断时必须参照其临床症状，并在尸体剖检时发现虫体及相应病变才能确诊。

（六）防治措施

1. 预防措施

含有细颈囊尾蚴的脏器应进行无害化处理。未经煮熟严禁喂犬。在本病的流行地区应及时给犬进行驱虫，驱虫可用吡喹酮

（每千克体重 5~10 mg）或阿苯达唑（每千克体重 15~20 mg），1 次口服。注意捕杀野犬、狼、狐等肉食兽。做好羊饲料、饮水及圈舍的清洁卫生工作，防止被犬粪污染。

2. 治疗措施

可用吡喹酮，剂量按每千克体重 50 mg，每日 1 次，口服、连服 2 次；或可试用阿苯达唑或甲苯达唑治疗。

五、羊绦虫病

羊绦虫病又称羊莫尼茨绦虫病，是由莫尼茨绦虫、曲子宫绦虫、无卵黄腺绦虫寄生于羊小肠内引起的羊的一种慢性、消耗性疾病，以渐进性消瘦、生长缓慢、水肿、腹泻为特征。本病分布于世界各地，我国各地也均有报道，多呈地方性流行，羔羊受害最严重。

（一）病原及发育史

我国常见的莫尼茨绦虫有两种：扩展莫尼茨绦虫和贝氏莫尼茨绦虫，它们在外观上很相似，头节小，近似球形，上有 4 个吸盘，无顶突和小钩，体节宽而短，成节内有两套生殖器官，生殖孔开在节片的两侧。扩展莫尼茨绦虫卵近似三角形；贝氏莫尼茨绦虫呈黄白色，长可达 4 m，虫卵为四角形。莫尼茨绦虫虫卵内有特殊的梨形器，器内有六钩蚴。

位于羊肠道内的绦虫成熟节片及虫卵随粪便排到体外后，被地螨吞食并在地螨体内发育为似囊尾蚴。这一过程在 26~28℃ 时需 111~113 d。含有似囊尾蚴的地螨随草被羊吞食，地螨被消化液分解，似囊尾蚴用吸盘吸附在小肠壁上寄生，40 d 左右发育为成虫。

（二）流行特点

本病发生有明显的季节性，山羊一般 2—3 月被感染，4 月发病，5—7 月感染达到高峰，8 月以后逐渐下降。同时，本病感染与羊年龄有一定关系，新生 2 月龄羔羊就有感染，3~6 月龄羊感染率最高，2 岁以上成年羊感染率极低，这与其已获得免疫力有关。

（三）临床症状

病羊症状轻重与虫体感染强度及体质、年龄等因素有关，半岁以内的羔羊易感。感染初期，羔羊表现为食欲减退、饮欲增加、发育受阻等症状；随着感染时间延后和感染程度加深，病羊表现为腹胀腹痛、掉毛、体弱贫血等症状；严重时病羊下痢，粪便中混有成熟绦虫节片；由于毒素作用，有时出现痉挛或回旋运动或头部后仰的神经症状；有的病羊因虫体成团引起肠阻塞产生腹痛直至肠破裂；后期，常因衰竭而死亡。

（四）剖检变化

多见消瘦、贫血，小肠内可见数量不等的虫体，数量多时甚至阻塞肠道或造成肠道扭转。

（五）诊断要点

1. 临床特征

羔羊消瘦、精神不振等。

2. 虫体检查

可通过检查绦虫孕卵节片或虫卵的方法进行。查粪便中是否有绦虫孕卵节片。清晨清理羊舍时，查看新鲜的粪便，如有莫尼茨绦虫的病畜，就能在粪便表面发现黄白色、圆柱形，长约 1.0 cm，厚度为 0.2~0.3 cm，具有活动性的孕卵节片。如感染较轻，孕卵节片排出不多，可用常水反复淘洗粪便，检查沉渣。

饱和盐水漂浮法检查虫卵。采病羊的新鲜粪便，加适量的生理盐水或常水后，搅匀，用滴管吸取一滴含有虫卵的液体滴在洁净的载玻片上，加盖玻片后，镜检，如发现米粒大小、黄白色、三角形或四角形、内含梨形器的虫卵即可确定。

（六）防治措施

1. 预防措施

（1）定期驱虫。羔羊在春季放牧后 30~35 d，应在虫体成熟前进行第一次药物驱虫，10~15 d 重复驱虫 1 次。成羊在放牧 50 d 后进行驱虫，每年 2~3 次。驱虫药物可选择硫双二氯酚每千克体重

75～100 mg；阿苯达唑每千克体重 15～45 mg；氯硝柳胺每千克体重 50～75 mg，均为 1 次口服用药。

（2）科学饲喂。合理安排放牧时间和选择放牧地点。避免在低洼地、雨后、清晨及黄昏时间放牧。同时，可通过更新牧地、农牧轮作、种植高质量牧草等措施达到消灭或减少地螨的数量，切断羊绦虫病的感染传播途径。

（3）粪便处理。驱虫后的粪便要堆积发酵处理。经过驱虫的羊群，要转移到没有污染的牧场放牧。

2. 治疗措施

病羊确诊后，要对全群进行及时的治疗，可选择硫双二氯酚每千克体重 75～100 mg 或阿苯达唑每千克体重 15～45 mg 或氯硝柳胺（灭绦灵）每千克体重 50～75 mg，计算好剂量后，一次性口服。在第一次用药 7～10 d 后，再重复用药 1 次，同时加强营养和对继发疫病的防控。

六、羊矛形双腔吸虫病

羊矛形双腔吸虫病是由双腔吸虫寄生于胆管和胆囊内所引起的一种慢性寄生虫病。本病在我国分布很广，特别是在我国北方牧区流行比较广泛，感染率高，绵羊发病率高。

（一）病原及发育史

矛形双腔吸虫虫体扁平、半透明，外观呈“矛”形，新鲜虫体呈棕褐色，固定后变为灰白色。虫体长为 5～15 mm，宽为 1.5～2.5 mm。口吸盘位于虫体前端，腹吸盘位于口吸盘稍后方，二者相距不远，腹吸盘大于口吸盘。睾丸有两个，近似圆形，稍有分叶，前后斜列于腹吸盘之后。卵巢呈圆形或不规则形状，位于睾丸之后，卵黄腺呈细小的颗粒状，位于虫体中部两侧。子宫弯曲，充满虫体的后部。

矛形双腔吸虫在发育过程中，需要两个中间宿主参加，中间宿主是陆地螺，补充宿主是蚂蚁。成虫在肝胆管和胆囊中产卵，虫卵随胆汁进入肠道，然后随粪便排出体外，排出的成熟虫卵内已含有发育好的毛蚴。虫卵被中间宿主吞食后，毛蚴破卵壳而出，经胞蚴、子胞蚴阶段后发育为尾蚴。尾蚴离开螺体，黏附于植物叶上或其他物体上，被补充宿主吞食，在补充宿主体内发育为囊蚴。牛羊吃草时，将含有囊蚴的蚂蚁一起吞食而感染。幼虫沿十二指肠、胆管道行进入肝脏后发育为成虫。

（二）流行特点

本病一年四季均可发病。其中夏、秋两季多发，尤其是夏季多雨、炎热，更容易感染发病。羊吃了附着有囊蚴的水草而感染，各种年龄、性别、品种的羊均能感染，羔羊和绵羊的病死率高。本病常呈地方性流行，放牧的羊群发病较严重。

（三）临床症状

羔羊临床症状较为明显，急性感染时表现为精神倦怠、食欲减退、体质虚弱，放牧时离群落后；体温升高，出现轻度腹泻、黄疸，肝区有压痛表现，叩诊肝脏浊音区扩大。有的病羊在几天后死亡。

轻度感染则表现黏膜黄染、苍白、眼睑、颌下、胸下及腹下水乳汁稀薄，怀孕羊出现流产，有的患病羊后期头向后仰、空口咀嚼、卧地不起，最后衰竭死亡。

（四）剖检变化

特征性病变主要在肝脏。当虫体寄生较多时，可引起胆管卡他性炎症和增生性炎症，胆管周围结缔组织增生。眼观可见大、小胆管变粗变厚，肝脏发生硬变肿大，胆管扩张。矛形双腔吸虫感染时，可在胆管内发现棕红色、扁平的柳叶形虫体。

（五）诊断要点

（1）虫卵检测。一般选取尼龙筛淘洗法或反复沉淀法检测。

（2）鉴别诊断。应与肝片吸虫病相鉴别。

肝片吸虫感染时，能够发现长卵圆形、金黄色、大小为（116~132）μm×（66~82）μm 的虫卵存在；双腔吸虫感染时，可以发现扁平而透明、呈柳叶状、体长 5~15 mm、宽 1.5~2.5 mm 的活的棕红色虫体。

（六）防治措施

1. 预防措施

（1）定期驱虫。每年在 2—3 月和 10—11 月两次定期驱虫。最理想的驱虫药是硝氨酚每千克体重 3~5 mg，空腹灌服 1 次，每日 1 次，连用 3 d。另外，可选择服用阿苯达唑、氯氰碘柳胺钠等药物。

（2）加强饲养管理。采取轮牧方式或者放牧与舍饲相结合的方式，消灭中间宿主；适当延长舍饲的时间，待牧草长出一定高度后再行放牧，减少羊群啃食草根的概率；养鸡或化学药品可消灭蜗牛和蚂蚁（消灭中间宿主）。

（3）驱虫后的粪便处理。要严格管理，不能乱丢，集中起来堆积发酵处理，防止污染羊舍和草场及再次感染发病。

2. 治疗措施

对病羊肌内注射氯氰碘柳胺钠每千克体重 5~10 mg；或者口服吡喹酮每千克体重 30 mg；或者口服阿苯达唑每千克体重 5~10 mg。其中，氯氰碘柳胺钠对绵羊双腔吸虫的驱杀效果好且毒副作用相对较小，可作为驱杀双腔吸虫的首选药物。

七、前后盘吸虫病

羊的前后盘吸虫病是指由前后盘科的吸虫寄生于瘤胃引起的疾病，因而又称为瘤胃吸虫病。主要感染绵羊。成虫寄生在羊的瘤胃和网胃壁上，危害不大；但幼虫则因在发育过程中移行于皱胃、小肠、胆管和胆囊，可造成较严重的疾病，甚至导致死亡。本病遍及全国各地，南方较北方更为多见。

（一）病原与发育史

羊的前后盘吸虫是由前后盘科的前后盘属、殖盘属、腹袋属、菲策属及卡妙属等多属前后盘吸虫组成的。虫体呈粉红色、梨形，长为5~13 mm、宽为2~5 mm。虫卵呈椭圆形、浅灰色。

前后盘吸虫种属很多，虫体大小互有差异，颜色可呈深红色、浅红色或乳白色；虫体在形态结构上亦有不同程度的差异。其主要的共同特征为：虫体柱状呈长椭圆形、梨形或圆锥形。

成虫寄生于羊（终末宿主）的瘤胃和网胃壁上产卵，卵进入肠道随粪便排出体外，在水中孵化出毛蚴。毛蚴遇到淡水螺（中间宿主）再钻入其体内，育成胞蚴、雷蚴和尾蚴。尾蚴具有前后吸盘及一对眼点。尾蚴离螺体，附着在水草上形成囊蚴。羊采食有囊蚴的水草而感染。囊蚴到达肠道后，童虫从囊内游离出来，附着在瘤胃黏膜之前，先在小肠、胆管、胆囊和皱胃内移行，寄生数十天，最后到达瘤胃发育为成虫。

（二）临床症状

感染严重的病羊精神不振，食欲减弱，反刍减少，消化功能紊乱，消瘦、贫血，眼结膜苍白、黄染，呈顽固性腹泻。颌下及胸前皮下水肿，不愿运动，喜卧地，有时见有腹痛。有时虫体进入肺脏，发生异物性肺炎而致死亡。

（三）剖检变化

剖检病死羊，发现瘤胃黏膜上有成虫附着，在网胃、皱胃、肠管、胆管及胆囊腔寄生有幼虫。胃肠黏膜水肿、充血、出血或形成溃疡。

（四）诊断要点

粪便涂片可检出虫卵。剖检可见瘤胃有虫体。

（五）防治措施

定期驱虫，堆粪发酵消毒杀灭虫卵。治疗可选用硫氯酚、氯硝柳胺驱虫。每千克体重80 mg，一次性口服，对成虫、童虫、幼虫均有效。

八、鼻蝇蛆病

羊鼻蝇蛆病是由羊狂蝇属羊狂蝇的幼虫寄生在羊的鼻腔及其附

近的腔窦引起的一种慢性寄生虫病，以慢性鼻窦炎和额窦炎为特征，对绵羊的危害较大，对山羊危害较轻。本病在我国多数地区较为常见。

（一）病原与发育史

羊鼻蝇是一中型蝇类，形如蜜蜂，体长 10~12 mm，头部呈黄色，翅透明，全身淡灰色，口器不发达。胎生，第一期幼虫呈淡黄色，长 1 mm，体表长满小刺；第二期幼虫为椭圆形，长 20~25 mm，只有腹部有小刺；第三期幼虫呈棕褐色，长 30 mm，有 2 个黑色口沟，虫体分节。

成虫一般在每年的 2—4 月开始出现，尤以夏季为多。成虫在 6—7 月开始接触羊群，雌虫钻入羊鼻孔内产蛆滋生幼虫。幼虫逐渐向鼻孔内爬行，一直爬到头骨额腔中，也有极个别的爬到气管、支气管、眼、耳等组织器官管道中，并附着于黏膜上，逐渐发育，在鼻腔、额窦内发育至第三期幼虫。第三期幼虫成熟后又逐渐移向鼻孔，当羊只打喷嚏时喷出于地上，并钻入于泥土中。根据气候的不同，经 1~2 个月由蛹变为鼻蝇成虫，雌雄交配后，雌虫又侵袭羊群再产幼虫。

（二）临床症状

病羊精神不安，四处躲避，摇头、低头，鼻端贴地或将头藏于其他羊的腹下避之，因休息不好，患病羊精神萎靡；鼻孔有分泌物，鼻黏膜肿胀、出血、发炎，打喷嚏；运动失调，站立不稳，最后食欲废绝，最终衰竭而死。

（三）剖检变化

病死羊剖检后，其鼻腔浆液性或脓性炎症，充血、出血，在鼻腔、鼻窦或额窦内可发现各期羊鼻蝇幼虫。若有幼虫爬行进入羊的气管、支气管、眼、耳、脑等器官管道内时，可引起相应的症状，并可在鼻窦、额窦、眼球后部等处发现羊鼻蝇虫。

（四）诊断要点

在鼻腔及额窦内找到羊鼻蝇虫幼虫。

（五）防治措施

1. 预防措施

（1）消灭蛆蛹和成虫。在冬末春初，挖掘羊舍周围墙角等地带的蛆蛹，并加以消灭；在初春后，发现有羊鼻蝇成虫时，使用1%～2%敌敌畏溶液喷雾消毒或捕捉等措施，随时给予消灭。

（2）定期驱虫。以消灭第一期幼虫为主要措施。在羊鼻蝇蛆病流行季节，用3%来苏尔溶液喷入羊的鼻腔内，其消灭羊鼻蝇幼虫的效果较为明显。据实际经验，每年以鼻蝇活动的旺季、秋防和鼻蝇活动后期进行3次鼻腔驱除鼻蝇虫为宜。

2. 治疗措施

使用伊维菌素，按照每千克体重200 mg，皮下注射；或者选择伊维菌素每千克体重100 mg，配合2%普鲁卡因，颈部皮下注射，1次即可；也可用2%～3%来苏尔溶液喷鼻治疗。

九、羊疥螨病

羊螨病是由疥螨和痒螨寄生在体表而引起的慢性接触性皮肤病。该病又称疥癣、疥疮等，往往在短时间内可引起羊群严重感染，危害十分严重。临床上主要表现为剧痒、脱毛、结痂，传染性强，对羊毛皮危害严重，也可造成死亡。山羊多为疥螨病，绵羊多为痒螨病。

（一）病原及发育史

1. 疥螨

疥螨虫体属疥螨科、疥螨属的疥螨虫，呈龟形或圆形，浅黄色，背面有细横纹。雄虫长0.2 mm左右，雌虫长0.5 mm左右。口器呈蹄铁形，为咀嚼式。有4对足，雄虫第一、第二、第四对足上有柄和吸盘，雌虫第一、第二对足上有柄和吸盘。疥螨寄生在皮肤角化层下，不断在皮内挖掘隧道，并在隧道内不断发育和繁殖。

疥螨的一生都在家畜体上度过，并能世代相继地生活在同一宿主身上，发育过程包括卵、幼虫，若虫和成虫4个阶段。疥螨口器为咀嚼式，在宿主表皮挖凿隧道以角质层组织和渗出的淋巴液为食，在隧道内进行发育和繁殖。雌虫在隧道内产卵，卵经 3~8 d 孵出幼虫，幼虫经蜕皮后变为若虫、若虫再蜕皮变为成虫。全部发育过程为 8~22 d，平均 15 d。雄虫交配后死亡，雌虫产卵后 21~35 d 死亡。

2. 痒螨

寄生在皮肤表面，虫体呈长圆形，较大，长 0.5~0.9 mm，肉眼可见，口器呈椭圆形，足比疥螨长。雌虫第一、第二、第四对足和雄虫的前三对足有吸盘。羊体表病灶和健康皮肤交界处产卵，卵在适宜条件下孵出幼虫。

痒螨发育过程与疥螨相似，离开宿主后，仍能生活相当长时间。痒螨对宿主皮肤表面的温湿度变化敏感性强，通常聚集在病变部位和健康皮肤交界处。疥螨痒螨整个发育过程为 10~20 d，一旦离开羊体它们生命就会受到威胁。痒螨能存活 2 个月左右。

（二）流行特点

羊螨病是由病畜和健康畜直接接触而发生感染，也可由被螨及其卵污染的墙壁、垫草、厩舍、用具等间接接触感染。主要发生于冬季和冬末春初，因为这些季节，日光照射不足，体毛长而密，湿度大，最适合其生长和繁殖。

（三）临床症状

1. 疥螨

多发生于嘴唇、鼻子边缘及耳根等无毛或少毛部位。病羊皮肤剧痒，常在墙壁、木桩等处磨蹭或用后肢搔抓患部。由于患病羊的摩擦和啃咬，患部皮肤出现丘疹、结节、水疱、甚至脓疱，以后形成痂皮和龟裂，局部皮肤增厚和脱毛。发病一般从局部开始而波及全身。

大群感染发病时，可见病羊身上悬垂着零散的毛束或毛团，呈被毛褴褛的外观；以后毛束逐渐大批脱落，则出现裸露的皮肤，寒冷季节若不能及时治疗，甚至出现大面积死亡。

2. 痒螨

寄生于皮肤表面，以渗出液为食。主要发生在绵羊背、臀部密毛部位，以后蔓延体侧和全身。奇痒，皮肤出现丘疹、水疱、结痂、脱毛、皮肤变厚等典型病变。

（四）诊断要点

在病健交界处刮至皮肤微出血，将皮屑放于培养皿内或黑纸上，在日光下暴晒或炉火上加温40~50℃，经30~40 min后移去皮屑，肉眼可见白色虫体在黑色背景上移动。或将皮屑放在载玻片上，滴10%氢氧化钠、液状石蜡或50%甘油于病料上，镜检可见虫体活动。活螨在温热作用下，由皮屑内爬出，集结成团，若见沉于水底部的疥螨即可确诊。

（五）防治措施

1. 预防措施

（1）卫生。平时注意羊圈、用具的清洁卫生，注意通风，羊群不要过密，定期进行消毒。

（2）经常观察羊群中有无发痒和掉毛现象，一旦发现可疑病羊，要及时进行隔离饲养和治疗，以免互相传染。另外，在每年夏季剪毛后，应及时给羊进行药浴。

2. 治疗措施

（1）涂药疗法。适用于病羊数量少、患部面积小和寒冷的季节。先将患部及周围被毛剪掉，并用温肥皂水彻底刷洗，除去痂皮和污物。然后用来苏尔水洗 1 次，擦干。用 15%敌百虫水浴液（配方来苏尔 5 份溶于 100 份温水中，再加入 5 份敌百虫）涂擦患部。

（2）伊维菌素。羊每千克体重 0.2 mg 颈部皮下注射，间隔 7 d 再次用药。

（3）药浴疗法。主要适用病畜数量多和温暖季节，对羊只最适用，既能预防，又能治疗。可用 0.025%~0.03%林丹乳油水乳剂、0.05%辛硫磷乳油水剂等进行药浴。在药浴前应先做小群安全试验。

十、蜱虫病

羊蜱虫病是指寄生在羊体表的一类吸血节肢动物蜱所引起的疾病。蜱虫是常见的体外吸血寄生虫，可引起宿主贫血、消瘦、体温升高，影响羊的生长发育，对养殖业造成较大的经济损失。

（一）病原及发育史

蜱又名草鳖、草爬子，可分为硬蜱科和软蜱科两种，感染羊只的为硬蜱。硬蜱背侧体壁成厚实的盾片状角质板。硬蜱可传播病毒病、细菌病和原虫病等。蜱的外形像个袋子，头、胸和腹部融合为一个整体，因此，虫体通常不分节。雌虫在地下或石缝中产卵，孵化成幼虫，找到宿主后，靠吸血生活。硬蜱发育分为卵、幼虫、若虫、成虫阶段，在动物体上交配，然后落地产卵，一生产卵 1 次，产卵数达上千或上万个，卵小、呈圆褐色，卵至成虫需 1～12 个月，吸血后离开畜体隐蔽于洞穴或缝隙中，需吸血时再爬上畜体。

（二）流行特点

羊被蜱侵袭，多发生于放牧采食过程中，寄生部位主要在被毛短少部位，发病率很高，尤以羔羊和青年羊易患病，一般在 70%以上，个别地方达 100%。

（三）临床症状

1. 皮肤损害

蜱寄生较多时贫血，皮肤损伤引来皮蝇、锥蝇在伤口产卵生蛆。

2. 脓毒血症

吸血传入金黄色葡萄球菌，对成年羊引起怀孕羊流产，公羊不育。体温为 40～41.5℃，持续 9～10 d。羔羊关节、腱鞘、肋骨、脊柱发出脓肿。

3. 蜱传热

由蓖麻子蜱吸血传入羊欧立希氏病体，体温为 40～42℃（经

2~3 周减退)，沉郁，消瘦，母羊肌肉强直、站立不稳。30%母羊流产，病死率为 23%，羔羊很少表现临床症状。

4. 蜱麻痹

由安氏矩头蜱、钝眼蜱、全环硬蜱、蓖麻子蜱、外翻扇头蜱叮咬时注入毒素（4~6 d 发病)，后肢虚弱，共济失调，在几小时内变成麻痹，麻痹可发展到前肢、颈和头。眼睛突出，引发贫血，病程为 2~4 d。

(四) 诊断要点

临床诊断：羊体可见有蜱。

(五) 防治措施

1. 消灭圈舍内的蜱虫

残缘璃眼蜱多在圈舍内的墙壁、地面、饲槽等缝隙中栖生，可选用 0. 25%倍硫磷、1%马拉硫磷、0. 2%害虫敌等药物喷洒。或粉刷后再用水泥、石灰或黄泥堵塞缝隙。必要时也可隔离，停用圈舍 10 个月或 1 年，使蜱无法寄生而死亡。

2. 消灭自然环境中的蜱虫

当环境中有大量蜱虫存在时，可采用轮牧的方式，相隔时间 1~2 年轮牧 1 次，使牧地上的成虫自然死亡，也可以进行烧荒(要防止火灾)，破坏蜱虫的滋生地。

3. 放牧员防护

放牧员尽量穿浅色防护服，以便容易看清楚趴在衣服上的蜱虫。离开林地或者草木地时，应相互检查，勿将蜱虫带回羊场内。

4. 消灭羊体表的蜱虫

（1）人工捕捉。如果饲养的羊数量不是很多，且在人员充足的情况下，可以采取人工捕捉除蜱的方法。可用尖嘴镊子在紧靠皮肤的地方沿着与皮肤垂直的方向拔出蜱虫，拔出蜱虫后如果伤口出血，要进行止血，同时用酒精或碘酊消毒。

（2）粉剂涂抹。可用 3%马拉硫磷或 5%西维因、2%害虫敌等粉剂涂抹在羊体表面，一般剂量为 30 g。在蜱虫活动季节，每隔

7～10 d 处理 1 次，可以预防蜱虫的发生。

（3）药液喷涂。可用 0.2%杀螟松或 0.25%倍硫磷、1%马拉硫磷、0.2%害虫敌、0.2%辛硫磷乳剂喷涂畜体，剂量为 200 L/次，每隔 3 周处理 1 次；也可用氟苯醚菊酯每千克体重 2 mg，1 次背部浇注，2 周后重复 1 次。

（4）药浴。选用 0.05%双甲脒或 0.1%马拉硫磷、0.1%辛硫磷、0.05%地亚农、1%西维因、0.002 5%溴氰菊酯、0.003%氟苯陆醚菊酯、0.006%氯氰菊酯等乳剂，对羊进行药浴。

此外，可皮下注射阿维菌素每千克体重 0.2 mg，1 次注射或口服。

第二节　肉羊寄生虫病的综合防治措施

羊寄生虫病是现代养羊业遇到的首要问题，若不给予及时治疗，不仅影响羊群健康生长，还会导致羊群出现大量死亡，给养殖户造成严重经济损失。因此，做好羊群寄生虫病的防治，不仅有利于羊群整体素质增强，也有利于养殖企业持续稳定发展。

一、做好羊寄生虫病的流行调查

羊寄生虫病具有多样化的特点，在对其防治前要做好流行病学的调查工作。要对其发生、流行、分布和危害有一个比较全面的了解，便于有针对性地制定防治措施。我国国土面积非常大，适宜养羊的区域众多，且分散范围极广，寄生虫病受到海拔、气候、天气等多种因素的影响而呈现多样化的特点。养殖户在对羊寄生虫病的防治过程中，应根据区域内羊寄生虫病的常见类型采取针对性的防范措施。此外，对已经患有寄生虫病的羊可进行解剖分析，为后续寄生虫病的防治提供依据。

二、做好羊寄生虫病的预防工作

（一）定期对羊进行驱虫

羊寄生虫病与传染病有着一定的相似性，不仅会对单一的羊只造成伤害，也会对羊群的安全产生威胁。在众多羊寄生虫病的防治措施中，定期驱虫非常重要。养殖户在对羊群进行集中驱虫前，以季节作为评估条件为最佳。一般在春季为寄生虫的多发时间段，在该阶段进行集中性的集中驱虫效果较好，同时，在入冬前也对其进行驱虫。此外，在驱虫后，对羊只采用集中性药浴对寄生虫病的防治也有较好的效果。一般常见寄生虫为疥螨、痒螨、蚤等，在选择药物时，要根据当地常见寄生虫来选择药物。

（二）注意饮水卫生

据相关调查表明，在引发羊群寄生虫病的众多因素中，因饮水不卫生占据重要部分，因此，养羊时应确保饮水卫生。古语有云，“病从口入”，羊与人也有较大的相似性，易因饮水或饮食不良而产生各种类型的病症。养殖户在养羊过程中，应定期对羊的饮用水进行检验，确保其中没有病菌。而在放牧过程中，应避免羊只饮用小溪水、不明水渠水等，尽可能降低由于饮水不安全而发生的羊寄生虫病。

（三）做好粪便的无害化处理

若羊群中存在患病羊只，养殖户应及时将其隔离治疗，并对其粪便进行无害化处理。羊患寄生虫病后，其体内排出的粪便中必然存在较多虫卵、幼虫或卵囊等多种危险隐患，若养殖户对患病羊只的粪便重视度不高，极有可能会对水源、草料等造成污染，从而扩大感染范围，遭受巨大经济损失。在患病羊只粪便的无害化处理中，可以将其集中堆积，然后使用泥土覆盖，使其自然发酵，以此来杀死粪便中的虫卵等。

（四）加强对羊群的饲养和管理

以往，羊寄生虫病发病率较高的主要原因是养殖户对寄生虫病重视度不高，对防治寄生虫病方面的知识了解不多，仅凭经验进行饲养管理。所以应该加强对寄生虫病知识和危害的宣传力度，提高养殖户对寄生虫病的防疫意识。此外，养殖户应提高对饲料安全性的重视程度并注意羊群营养的均衡性，通过合理补充营养，提高羊群免疫能力，使其免遭寄生虫的威胁，同时在建设羊舍时，应严格确保羊舍具备良好的通风性及采光性，每日清理羊舍，保持其整洁度。

（五）合理有效的使用驱虫药

随着当前科技技术的不断进步，各类驱虫药层出不穷，对此，养殖户应根据实际需求来选择合理的驱虫药，对羊群进行药物驱虫。为了判断药物的作用效果，在用药前需要进行适当的试验，可选择小部分羊群进行试验，若杀虫功效明显，则可以使用，若效果有所欠缺，应及时更换药物。此外，除外用喷剂驱虫药外，内服药物也必不可少，养殖户应集中对羊群使用口服驱虫药物，进一步提高寄生虫病的防治力度。

三、加强寄生虫病羊的治疗

养殖户在日常养殖过程中对羊群保持较高的防疫意识，对有效防治寄生虫病有积极意义。若单一羊只出现较为严重的消瘦、贫血、水肿、黄疸等临床症状，很可能是患了寄生虫病，应及时隔离，并采取针对性的治疗。通过对患羊的隔离治疗，不仅可以帮助其尽快恢复健康，还能够有效防止病原体的扩散。

第十一章　肉羊普通病防治

第一节　消化系统疾病

一、口炎

口炎是口腔黏膜表层和深层组织的炎症。

（一）病因

原发性口炎多由外伤引起，因采食尖锐植物枝杈、秸秆刺伤口腔而发病，也可因接触氨水、强酸、强碱，损伤口黏膜而发病。继发性口炎常见于羊口疮、口蹄疫、羊痘或真菌性口炎。过敏反应性口炎多与突然采食或接触过敏原有关。

（二）临床症状

原发性口炎，病羊采食减少或停止，口腔黏膜潮红、肿胀、疼痛、流涎，严重者口腔出血、糜烂、溃疡，机体消瘦。继发性口炎，多见有体温升高等全身反应，伴有相关传染病的其他症状（羊口疮、口蹄疫、羊痘的症状详见羊的主要传染病）。过敏反应性口炎，除口腔有炎症变化外，在鼻腔、乳房、肘部或股内侧等部位有充血、渗出、溃烂、结痂等变化。

（三）诊断要点

病羊口腔炎症变化。

（四）防治措施

1. 预防措施

加强管理，防止口腔受伤而发生口炎，以及传染病并发口炎。

保持环境和用具卫生，用2%的碱水刷洗消毒饲槽。

2. 治疗措施

轻度口炎，用0.1%高锰酸钾溶液反复冲洗口腔，之后涂碘甘油，每日1~2次，直至痊愈为止。慢性口炎发生糜烂时，可选用5%碘酊、碘甘油、磺胺软膏、四环素软膏等涂擦患部。全身反应明显时，肌内注射青霉素。加强对病羊的护理，喂给柔软富含营养易消化的草料。

二、前胃弛缓

前胃弛缓是前胃兴奋性降低、收缩力减弱的疾病。临床特征为消化障碍，食欲、反刍减退，嗳气紊乱，胃蠕动减弱或停止，可继发酸中毒。本病在冬末、春初饲料缺乏时较为常见。

（一）病因

原发性前胃弛缓主要见于长期饲喂不易消化的饲料（如秸秆、豆秸、麦衣）或单调、缺乏刺激性的饲料（如麦麸、豆面和酒糟等），突然改变饲养方法，供给精料过多，运动不足，饲喂霉变、冰冻、缺乏矿物质和维生素的饲料所致。继发性前胃弛缓，见于瘤胃积食、瘤胃臌气、创伤性网胃炎、真胃变位、胃肠炎和其他多种内科、外科及产科疾病和肝片吸虫病等。

（二）临床症状

急性病例表现食欲减退，甚至废绝，反刍减少或停止。瘤胃蠕动减弱或停止，触诊瘤胃充满，有柔实感觉，有时轻度臌气。慢性病例表现精神萎靡，倦怠无力，喜卧地，被毛粗乱，食欲减退，反刍缓慢，瘤胃蠕动减弱，次数减少。若系采食有毒植物或刺激性饲料而发病，则瘤胃和真胃的敏感性增高，触诊有疼痛反应。若为继发性前胃弛缓，则常伴有原发病的特有症状。

（三）诊断要点

病羊食欲减退或废绝，反刍减少或停止。

（四）防治措施

1. 预防措施

注意饲料的配合，防止长期饲喂过硬、难以消化或单一劣质的饲料，合理饲喂精料，切勿突然改变饲料或饲喂方式。供给充足的饮水，以温水为宜。防止运动过度或不足，避免各种应激因素的刺激。及时治疗继发本病的其他疾病。

2. 治疗措施

治疗原则是加强护理，缓泻、止酵、增强瘤胃功能。病初，禁食2~3次，多饮清水，然后供给易消化的多汁饲料，适当运动。加强瘤胃收缩力量，促进消化，止酵、缓泻。成年羊用硫酸镁20~30 g或人工盐20~30 g，加液体石蜡100~200 mL、番木鳖酊2 mL、大黄酊100 mL、加水500 mL，1次灌服。或用酵母粉10 g、红糖10 g、75%酒精10 mL、陈皮酊5 mL，混合加水适量，灌服。促进瘤胃蠕动，可用乙酰胆碱，或用毛果芸香碱。防止酸中毒，可灌服碳酸氢钠10~15 g。

三、瘤胃臌气

瘤胃臌气是草料在瘤胃微生物作用下产气或气性泡沫并大量积聚于瘤胃内，使其容积增大，内压增高，胃壁扩张，严重影响心、肺功能的一种疾病。本病多发于春、冬两季，以绵羊多见。

（一）病因

原发性瘤胃臌气，主要是羊采食了大量易发酵的饲料，如幼嫩的紫花苜蓿、豆苗、麦草，或大量的白菜叶、胡萝卜、过多的精料、酒糟或霉变饲料，或采食雨后水草、露水草、霜冻的饲料等，都导致大量饲草积于瘤胃，短时间内急速发酵，发生臌气。继发性瘤胃臌气主要是前胃功能减弱，嗳气功能障碍，如继发羊肠毒血症、食管阻塞、食管麻痹、前胃弛缓、瓣胃阻塞、肠扭转、慢性腹膜炎及某些中毒性疾病等。

（二）临床症状

病羊发病后腹部急剧鼓胀。病羊呻吟流涎，呼吸急促，四肢张开，头颈平伸，甚至张口伸舌。可视黏膜发绀，眼球突出，颈静脉怒张。左肷窝显著鼓起，拍打似鼓。至后期，患病羊沉郁，走路蹒跚，突然倒地，惨叫、窒息、痉挛而死。

（三）诊断要点

有易发酵饲草饲喂史；瘤胃臌胀拍打似鼓。

（四）防治措施

1. 预防措施

要合理配制日粮，严格控制饲喂量，保证饮水；春天饲喂或放牧青嫩多汁牧草时，要在太阳升起霜露散去之后进行；不喂腐败、变质的青贮饲料，更换饲料时要逐渐进行。

2. 治疗措施

治疗原则：排出瘤胃气体，缓泻制酵，恢复瘤胃功能。

（1）穿刺放气。可在左肷部最高处剪毛消毒，用小宽针刺破皮肤，随刺入套管针（或用粗针头直接刺入），拔出针芯，进行瘤胃放气。放气要缓慢。完毕后可从套管针孔注入灭泡止酵剂。

（2）缓泻排毒。可灌服5%碳酸氢钠溶液1 500 mL洗胃，或用0.01%高锰酸钾液洗胃，促进瘤胃内容物排出，改善内环境；对因采食腐败饲料发病的羊只，可同时服吸附剂或泻下剂。

（3）液体疗法。如果脱水严重，应及时补液，以达强心、保肝、补液、解毒之功效。

四、瘤胃积食

瘤胃积食又称前胃积食，中兽医称之为宿草不转，是瘤胃充满大量食物，使胃壁急性扩张，食糜滞留在瘤胃引起严重消化不良的疾病。特征为反刍、嗳气停止，瘤胃坚实，疝痛，瘤胃蠕动极弱或消失。

（一）病因

多为饲养管理不当，羊群长期饲喂单一粗硬饲草，如秸秆类、未晒干的秧蔓类等，或突然过量采食粗纤维饲草，或饮水不足，或突然变换饲料皆可发生本病。瘤胃积食形成后，坚硬的草团导致胃壁扩张，瘤胃黏膜受压迫，久之黏膜缺血、坏死甚至脱落。裸露无黏膜的胃壁则吸收胃内的各种毒素甚至微生物进入血液循环，形成败血症。内毒素中毒的羊只会出现精神沉郁，毒素会使心肌麻痹；高度脱水会导致血液黏稠，更加重了心脏负担。最终羊只会因败血症和心脏衰竭而死亡。

（二）临床症状

发病初期，病羊精神不振，采食和反刍减少；继之精神沉郁，心跳和呼吸加快；严重时脱水严重，眼窝下陷，结膜发绀，鼻镜干燥，口角流涎，精神恍惚；左肷部略凸起，触诊坚硬如木；腹痛不安，摇尾，或后蹄踏地，拱背，咩叫；病后期因心肌麻痹而死亡。病程约 5 d。

（三）诊断要点

过食粗硬饲草，瘤胃坚实如木。

（四）防治措施

1. 预防措施

（1）平时饲草精料搭配要合理，粗干草要铡碎或加工调制后饲喂，秧蔓类要鲜喂或者晒干。

（2）一旦发现有积食症状，应停食 1~2 d，多饮水，增加运动量，同时用鞋底或扫把进行瘤胃按摩，出现反刍后再给予易消化的草料。

2. 治疗措施

治疗原则：消导下泻，兴奋瘤胃，止酵防腐，纠正酸中毒，健胃补液。

（1）消导下泻。鱼石脂 1~3 g，陈皮酊 20 mL、液体石蜡 100 mL、人工盐 50 g 或硫酸镁 50 g，芳香氨醑 10 mL，加水

500 mL，一次性灌服。

（2）解除酸中毒。静脉注射5%碳酸氢钠100 mL，5%葡萄糖200 mL，一次性静脉注射。

（3）兴奋瘤胃、促进反刍。番木鳖酊15～20 mL，龙胆酊50～80 mL，加水适量，一次性灌服。

（4）强心补液。对心脏衰弱者，可用10%安钠咖5 mL或10%樟脑磺酸钠4 mL，静脉或肌内注射。呼吸系统和血液循环系统衰竭时，可用尼可刹米注射液2 mL，肌内注射。

（5）手术疗法。药物疗效不佳时，应及时做瘤胃切开手术。

五、瘤胃异物

羊只因饲养管理不善、疏忽，误食了难以消化的各种软、硬异物，导致瘤胃及整个消化系统出现一系列异常表现，这在生产和临床上屡见不鲜，并造成一定损失，应引起重视。

（一）病因

主要原因是饲养和管理不当，使其误食了绳头、布料、塑料袋、废旧地膜、毛发、橡胶类等各种异物。有的是因饥饿，饥不择食而误食；有的是长期缺乏维生素、微量元素，造成异食癖而食之等。这些异物在瘤胃内是不能被消化的，久之则造成瘤胃蠕动迟缓、慢性瘤胃臌气、反刍嗳气障碍甚或阻塞网瓣胃孔，严重的会引发死亡。

（二）临床症状

病初病羊精神不振，食欲减退；继之反刍缓慢或停止，嗳气减少或消失，瘤胃蠕动次数减少且音弱波短，长期、反复出现瘤胃臌气。体温正常。病羊因消化不良、缺乏营养而出现腹泻和极度消瘦。怀孕羊流产，母羊泌乳减少至完全停止。临床药物治疗无效，以致死亡或淘汰。剖检淘汰羊只，发现瘤胃存有不同的异物。

（三）诊断要点

反复前胃弛缓，药物治疗无效；瘤胃异物。

（四）防治措施

（1）严格饲养管理，饲喂时间要固定，而且饲喂要均匀，防止出现饥饱不均。

（2）放牧草场要清洁，必要时要仔细检查，发现异物要清理捡拾后方可放牧。

（3）饲草饲料配合要科学，维生素、微量元素等各种营养物质要齐全充足，避免发生异食癖病羊。

（4）瘤胃内有异物在临床上是很难诊断的。凡是长期、反复瘤胃弛缓，药物治疗无效，渐进消瘦的羊只，都值得怀疑。应立即做瘤胃切开术，既能探查瘤胃，又能解除病变。临床治疗效果极佳。不要延误手术时机，更不要随意淘汰。

第二节　营养代谢病

一、食毛症

本病是由于舍饲羊只因某些矿物质及微量元素缺乏而引起的一种代谢病，病羊常因异食羊毛而形成毛球使胃肠梗死而死亡。尤以冬、春季圈养羊羔常发。

（一）病因

主要原因是母羊及羔羊日粮中的矿物质钙、磷、钴和铜缺乏以及维生素含量不足，可导致矿物质代谢障碍。

哺乳期中的羔羊因羊毛生长速度快，需要大量丰富的蛋白质和必需含硫氨基酸（胱氨酸、半胱氨酸和蛋氨酸），如果此类蛋白质或氨基酸供应不足，会引起羔羊食毛，并互相啃咬羊毛。另外，羔羊断乳后，放牧时间短、补饲不及时，羔羊饥饿时采食了混有羊毛的饲料和饲草亦可发病。新生羔羊在吮乳时误将羊毛食入胃内也可引起发病。成羊在饥饿状态、感染体外寄生虫、孕期营养缺乏时也会出现自咬或相互啃咬食毛现象。

（二）临床症状

发病初期，羔羊啃咬母羊被毛、羊只啃咬自身被毛、羊只之间相互啃咬被毛。当食入的羊毛形成毛球在皱胃和肠道即可形成阻塞。轻者表现喜卧、磨牙、便秘、胃肠发生臌气；严重者腹痛、踩蹄、凹腰。治疗不及时可导致心脏衰竭死亡。

腹部触诊时多在皱胃摸到大小不等的硬块。

（三）诊断要点

临床诊断较难，仅凭畜主口述及临床观察可以怀疑。病羊腹痛、凹腰也只能说明胃肠道有阻塞，但不能确定是毛球。确诊需手术。

（四）防治措施

1. 预防措施

（1）改善饲料结构，平衡全价营养，对羔羊进行补饲，供给富含蛋白质维生素和矿物质的饲料，特别是补给青绿饲料等。

（2）对圈养羊只，投喂舔砖（以食盐为载体，钙、磷、铜、铁、钴、锰等十几种微量元素及矿物质混合制成），不但能增强羊的食欲，改善营养状况，而且可以预防本病的发生。

（3）要注意分娩母羊和舍内的清洁卫生，对分娩母羊产出羔羊后，要先将乳房周围、乳头长毛和腿部污毛剪掉，清洁消毒后再让新生羔羊吮乳。

（4）严格执行羊群定期驱虫制度，春秋两季药浴一定要彻底，定期饲喂驱虫药，防止发生寄生虫病。

2. 治疗措施

（1）灌服植物油、液体石蜡、人工盐等泻药，配合体外下腹部人工上抬按摩，有一定效果。

（2）病情严重的可用手术方法，按常规方法切开皱胃，取出毛球。

二、生产瘫痪

羊生产瘫痪又称为乳热病或低血钙症，为血钙降低所导致的急性而严重的内分泌紊乱性疾病。对母羊和母羊生产造成较大威胁。

（一）病因

病羊血液中的糖分及含钙量均降低。血糖低和怀孕中后期只重视高蛋白、高脂肪成分的饲料饲喂，而忽视或减少了粗纤维饲料，即减少了生糖物质。而钙含量降低是由于内分泌紊乱所致。初乳中钙含量较高，降钙素分泌使大量血钙随初乳排出，正常情况下，血钙降低时则甲状旁腺素应该分泌增加，溶解骨钙补充血钙。而此时，降钙素抑制了甲状旁腺素的骨溶解作用，还在继续降钙，以致羊只调节过程不能适应，而变为低钙状态，引发此病。舍饲、产乳量高及怀孕末期营养良好的羊只多发；山羊和绵羊均可患病，但山羊多发；2~4 胎的高产山羊，几乎每次分娩后都重复发病。此病主要见于成年母羊，发生于产前或产后数日内，偶尔见于怀孕的其他时期。

（二）临床症状

症状出现多见于分娩之后，少数的病例见于怀孕末期和分娩过程。由于钙的作用是维持肌肉的紧张性，故在低钙血情况下病羊总体表现为衰弱无力、凹腰（伸伸懒腰）。病初后肢软弱，步态不稳；有的羊倒后起立很困难；停止排粪和排尿；针刺皮肤反应很弱。少数羊知觉意识完全丧失，发生极明显的麻痹症状，呼吸深而慢。病羊常呈侧卧姿势，四肢伸直，头弯于胸部；有的则两后肢叉开，卧于地面。体温逐渐下降，有时降至 36℃。有些病羊往往在没有明显症状时死亡。

（三）诊断要点

（1）临床五大特征。意识丧失、消化道麻痹、四肢瘫痪、体温降低、低血钙。

（2）早期常见“伸懒腰”动作。

（3）补充钙剂后临床症状改善效果明显。

（四）防治措施

1. 预防措施

（1）怀孕羊应饲喂富含矿物质的饲料。

（2）对于习惯性发病的羊，于分娩之后应及时注射，5%氯化钙 40~60 mL，25%葡萄糖 80~100 mL。在分娩前后 1 周内，每日给予蔗糖 15~20 g。

2. 治疗措施

治疗原则：提升血钙、减少丢钙、对症治疗。

（1）提升血钙。按羊每千克体重，10%葡萄糖酸钙 1.5 mL+10%葡萄糖 2 mL+生理盐水+强心剂，一次性静脉注射。

（2）减少丢钙。采用乳房送风法。使羊稍呈仰卧姿势，挤出少量乳汁；乳头管口周围消毒后插入导管针直达乳腺乳池，通过导管注入空气，直到乳房充满为止。用手指叩击乳房呈鼓音，为充满空气的标志。为了避免送入的空气逸出，在取出导管时，应用手指捏紧乳头，并用胶带粘住乳头管口。经过 25~30 min 将胶带取掉。期间可小心按摩乳房各叶数分钟。如果注入空气后 6 h 情况并不改善，应再重复做乳房送风。

（3）对症治疗。①补磷。当补钙后，病羊精神正常但欲起不能时，多伴有低磷血症。此时可应用 20%磷酸二氢钠的溶液 100 mL，一次性静脉注射。②补糖。随着钙的供给，血液中胰岛素的含量很快提高而使血糖降低，有时可引起低血糖症，故补钙的同时应当补糖。③促进肠蠕动。可用温水灌肠或药物治疗。

第三节　产科病

一、阴道脱出

阴道脱出是阴道壁部分或全部外翻脱出于阴门之外的疾病。阴道黏膜暴露在外面，引起黏膜发炎、溃疡甚至坏死。怀孕后期极易发生。

（一）病因

饲养不良是主因，霉菌毒素是继发因素。由于营养不足，加以赤霉毒素的影响，致使阴道周围的组织和韧带弛缓；怀孕后期腹压增大，加大了阴道脱出的可能性。体弱、年老母羊更易发生。

（二）临床症状

临床上见有完全脱出和部分脱出两种。完全脱出时，脱出的阴道如拳头大，也可见阴道连同子宫颈脱出。部分脱出时，仅见阴道入口部脱出，大小如桃。卧下时脱出物增大，站立时回缩略变小。外翻的阴道黏膜发红、青紫，局部水肿。黏膜损伤后可形成出血或溃疡。病羊在卧地后，常被污物、垫草污染脱出阴道黏膜。严重者，可有体温升高等全身症状。

（三）防治措施

（1）孕羊应加强饲养、全价营养，防止阴道脱出。

（2）对已脱出的阴道壁，用0.1%高锰酸钾温溶液清洗，水肿严重时可针刺放液，减小体积，以利回送。局部涂擦抗生素软膏后，用消毒纱布托住脱出部分由基部缓慢推入骨盆腔，基本送完时，用拳头顶进阴道。为防止再脱出，可做指枕减张缝合阴门固定；也可在阴门两侧深部注射刺激剂，使阴唇肿胀固定；对形成习惯性脱出者，可用粗线对阴道壁与臀部之间做缝合固定。

（3）应用抗生素和补中益气中药。

二、子宫脱出

母羊子宫脱出是常见产科疾病之一，脱出的子宫黏膜常因血液循环障碍和污染引起黏膜充血、瘀血、发炎、破溃甚至坏死，导致败血症或子宫切除或不孕，给羊业生产带来一定损失。

（一）病因

（1）母羊饲喂草料较差，膘情低下，因营养不良、运动不够、中气不足常发生子宫脱出。

（2）老龄且怀羔较多的母羊更为突出，分娩前后除表现产羔无力、难产、生产瘫痪等疾病外，常见子宫全脱。

（3）分娩或胎衣不下时努责过强，助产时强行拉出胎儿等，也是发生子宫脱出的直接原因。

（4）胎儿过大及多胎妊娠，可引起子宫韧带过度伸张和弛缓，产后也易发生子宫脱出。

（二）临床症状

病羊消瘦、虚弱；心跳加快，呼吸促迫，结膜发绀，烦躁不安；时有努责，子宫部分或全部脱出于阴门之外；病羊由于频频努责，疼痛不安具有出血现象，若不及时采取措施，常会发生出血性或疼痛性休克死亡：因子宫脱出较久，精神沉郁的病羊常因败血或衰竭而死亡。

（三）防治措施

1. 预防措施

（1）孕期应加强饲养管理，保证饲料质量，保证羊有足够的运动，以增强子宫肌肉的张力。

（2）多胎的母羊，在产后 14 h 内必须专人护理，以便及时发现病羊，尽快予以治疗。

（3）胎衣不下时，绝不要强行拉出，以免发生子宫脱出；需要拉出胎儿但产道干燥时，应给产道内涂灌油类或润滑剂，以预防子宫脱出。

2. 治疗措施

实施子宫整复术。早期整复可以使子宫复原。步骤如下：首先剥离胎衣，用 0.01%高锰酸钾溶液或 3%明矾溶液清洗子宫，去除子宫黏膜上沾污的所有异物，然后将羊后肢提起，将双子宫按顺序逐一缓慢推入骨盆腔，术者手臂伸入子宫内予以探查，确保无子宫壁内翻。使用脱宫带防止子宫再次脱出。子宫黏膜水肿严重时，应予以针刺放液减压后还纳子宫。无法整复或子宫壁上有很大裂口、创伤或坏死时，应实行子宫摘除术。

三、子宫内膜炎

羊的子宫内膜炎是指子宫黏膜的炎症，是繁殖母羊一种常见的生殖系统疾病。此病是导致母羊不孕的重要因素之一。临床上以化脓性和坏死性炎症为多见，以屡配不孕，经常从阴道流出浆液性或脓性分泌物为特征。

（一）病因

多因难产时人工助产消毒不严引起子宫感染，以及流产和胎衣停滞引起子宫内胎衣腐败分解而导致本病发生。

（二）临床症状

（1）急性子宫内膜炎常见频频努责、弓腰、举尾，外阴部污染，流出脓性、血性分泌物，尤其当卧地后，从阴道流出白色污秽样脓性分泌物。体温升高，食欲明显下降。

（2）若体温升至41℃以上，食欲废绝，精神高度沉郁，可视黏膜有出血点，则为败血性子宫内膜炎。

（3）慢性子宫内膜炎没有体温变化，食欲正常，唯有经常从阴道排出浆液性分泌物，正常发情，但是屡配不孕。

（三）诊断要点

弓腰举尾、不断努责、阴门排出脓性分泌物。

（四）防治措施

（1）助产时应做好器械、术者手臂和羊外阴部的清洁消毒工作。

（2）产羊后，要及时检查胎衣排出情况和子宫内是否还有未产出的胎儿，以便及时采取措施。

（3）子宫冲洗是必要且有效的治理措施之一。利用子宫冲洗器械，将消毒液注入子宫并导出，反复进行，直至导出的冲洗液透明为止。

（4）已出现全身症状的羊只，应及时应用抗菌药物，必要时进行输液疗法。

四、乳腺炎

羊乳腺炎是指乳腺、乳池、乳头的局部炎症，多发于绵羊和山羊的泌乳期。常见的类型有浆液性乳腺炎、纤维素性乳腺炎、化脓性乳腺炎和出血性乳腺炎。隐性乳腺炎的发病率很高。虽属个别羊只发病，但对于哺乳羔羊影响很大。

(一) 病因

多见于挤乳技术不熟练，损伤了乳头、乳腺体；或因挤乳工具不卫生，使乳房受到细菌感染所致。也可见于子宫炎、口蹄疫、结核病、蹄病和脓毒败血症等过程中的血性感染。引起乳腺炎的病菌包括细菌、霉形体等 20 余种。90%的乳腺炎是由革兰氏阳性菌中的金黄色葡萄球菌和链球菌感染所致，其中以溶血性金黄色葡萄球菌、无乳链球菌危害最严重；另有铜绿假单胞菌和大肠杆菌等。这些病菌可单独感染，也可混合感染。病菌一般是通过乳头管或乳房的损伤口侵入乳腺内，有时也可经血液或淋巴液而感染。

(二) 临床症状

临床上按病程可分为急性和慢性两种。

(1) 急性乳腺炎患病乳区发热、增大、疼痛；乳房淋巴结肿大；乳汁或黄色黏稠，或微红稀薄，或稍绿色生姜味，或暗褐色粪臭味；混有絮状物或呈粒状物；触摸乳房或紧张有弹性并疼痛，或内有结节感觉。重症时可出现不同程度的全身症状，表现食欲减退或废绝，瘤胃蠕动和反刍停滞；体温高达 41~42℃；呼吸和心搏加快，眼结膜潮红。严重时眼球下陷，精神委顿。患病羊起卧困难，有时站立不愿卧地，有时体温升高持续数天而不退，急剧消瘦，常因败血症而死亡。

(2) 慢性乳腺炎多因急性型未彻底治愈而引起。一般没有全身症状，患病乳区组织弹性降低、僵硬；触诊乳房时，发现大小不等的硬块；乳汁稀、清淡，泌乳量显著减少，乳汁中混有粒状或絮状凝块。

（三）诊断要点

（1）急性乳腺炎红肿热疼、泌乳障碍。

（2）慢性乳腺炎无热无疼、增生硬肿、乳汁稀少。

（四）防治措施

1. 预防措施

（1）清洁圈舍，定期给棚圈消毒。

（2）经常清洗乳房及乳头并消毒。

（3）怀孕后期不要停奶过急，停奶后将抗生素注入每个乳头管内。

（4）乳用羊要定时挤奶，一般每日挤奶 3 次为宜；产奶特别多而羔羊吃不完时，可人工将剩奶挤出和减少精料。

（5）分娩前如乳房过度肿胀，应减少精料及多汁饲料。

2. 治疗措施

（1）急性乳腺炎初期可用冷敷，中后期用热敷。

（2）乳房基部封闭。用青霉素 160 万 U + 0.5% 普鲁卡因 20 mL，在乳房基底部或腹壁之间，用封闭针头进针 4～5 cm 注入，每日封闭 1 次。

（3）将乳腺乳池和乳头乳池的乳汁挤净后，自乳头管口注入抗菌药物，并向上按摩推送。

（4）对乳房极度肿胀、体温高热的全身性感染羊只，应及时用抗菌药进行全身治疗。

（5）对于慢性增生性乳腺炎病羊应及时予以淘汰。

案例篇

第十二章　肉羊健康高效养殖示范

第一节　优质肉羊生产体系典型案例

一、黑龙江农垦大山羊业有限公司基本情况

黑龙江农垦大山羊业有限公司（以下简称大山羊业），位于黑龙江省大庆市杜蒙县大山种羊场，于 2011 年初由黑龙江大山种羊场和吉林省松原市德美牧业生物技术有限公司合作组建，是一家高新技术企业，为农业产业化龙头企业、国家肉羊核心育种场，具有种畜禽生产经营许可证，是黑龙江省省级重点种羊场和国家绵羊良种补贴供种单位。公司始终秉承发展黑龙江省优质肉羊产业，培育“龙江肉羊”品种，打造北大荒“荒坡羊”羊肉品牌的企业理念。

公司养殖区占地 3.2 万 m^2，其中羊舍及附属设施 12 426 m^2；年屠宰加工 5 万只的肉羊屠宰加工厂一座，占地面积 2 000 m^2；现有草原面积 1.5 万亩（1 亩≈667 m^2，1 hm^2 = 15 亩，全书同），其中人工种植苜蓿 3 000 亩，人工种植玉米青贮 300 亩；建设国家标准化种羊场，配套标准化各类羊舍、羊人工授精室、胚胎移植室、运动场、饲料加工间及库房、贮草棚、青贮窖、药浴池、粪污处理场、病死羊只无害化处理等附属设施、设备。现存栏德国肉用美利奴羊 1 668 只，其中成年公羊 26 只，后备公羊 132 只；成年母羊 1 250 只，后备母羊 260 只。各项管理规章制度健全，有科学的羊病防控程序和羊肉安全生产保障体系，为德国肉用美利奴羊纯种繁育和选育提高奠定了坚实的基础。公司综合实力强，发展后劲足，

运转机制活，具有培育种羊基础优势条件。

公司承担过多项国家和省级科研项目，获得省级科技进步奖二等奖2项、三等奖2项、省畜牧科技进步奖4项、省畜牧丰收奖2项等。

公司依托大山种羊场的地域优势、资源优势、技术优势和在全国养羊界的知名度，推广世界著名的德国肉用美利奴羊品种，大力发展黑龙江省优质肉羊产业。建立了以“良种繁育、配套杂交、分户饲养、科学育肥、快速出栏、新法加工、全年均衡屠宰上市”的优质肉羊生产体系，通过优质肉羊生产体系的推广，促进了黑龙江垦区优质肉羊产业的发展。在黑龙江农垦齐齐哈尔管理局的统一组织下，把查哈阳农场、依安农场、富裕牧场、红旗马场、绿色草原牧场和大山种羊场六个农场，打造成优质肉羊联合体。通过适度规模+循环养殖、龙头公司+养殖小区等现代畜牧业生产方式，形成“原种在场（肉羊原种场）、繁改在站（农场肉羊人工授精站）、饲养在户（肉羊养殖户）”的优质肉羊三级繁育体系。公司通过“公司+农户”和“龙头+基地”的产业化模式和“优质肉羊生产体系”相结合的方式，建立起了以优质肉羊生产体系为重点，实施产业化开发，并逐步形成了高于国内现有技术水平，有别于国外的集约化方式，适合我国国情的优质肉羊杂交配套系和产业化模式，形成“高产、优质、高效”的新产业，同时也将会成为畜牧业经济新的增长点，为农民增收开辟新途径。

二、肉羊健康高效养殖关键技术

公司把肉羊规模化生产全过程中的“羊场建设、羊种选择、杂交改良、高频繁殖、营养调控、舍饲圈养、快速育肥、新法加工、肉羊保健、羊粪制肥”10项关键技术创新与组装配套，形成肉羊健康高效养殖集成配套关键技术。通过该技术的推广与应用，实现肉羊生产由传统的放牧饲养向集约化生产方式转变。

1. 羊场建设标准化

规模化羊场的设计，在贯彻统筹规划、合理布局、突出重点的原则，做到总体布局一次规划，按实际需要分期实施，实现高效、省本、高产、优质、生态的目标。

2. 羊种选择良种化

引进德国肉用美利奴羊、杜泊羊、澳洲白羊 3 个肉羊品种为父本，这 3 个品种羊均具有多胎、早熟、生长发育快、饲料报酬高、产肉性能好的特性，这些良种的杂交利用，极大地提高了本地羊的产肉性能。

利用微卫星 DNA 多态性技术，从理论上阐明这些引进的肉羊品种均可以与小尾寒羊杂交，但产生的杂种优势大小存在一定的差异。

3. 杂交改良配套化

该配套系是以本地羊为母本，采用德国肉用美利奴羊为第一父本。杂交一代母羊与杜泊或澳洲白公羊进行三元终端杂交。通过不同杂交组合相关性状的比较分析，获得了不同杂交组合的杂种优势率差异，并结合微卫星 DNA 多态性估测的遗传距离，从表型性状与分子机理两个方面证明该杂交组合是适合于肉羊工厂化生产的最佳杂交组合。

4. 高频繁殖科学化

利用腹腔窥镜进行羊冷冻精液输精，冻精情期受胎率达到 75.76%；利用肉用母羔两月龄超数排卵、体外培养和胚胎移植技术，平均每只供体母羔获可用配 10.87 枚，缩短了世代间隔，加速扩繁；利用 B 超进行早期妊娠诊断，提早保胎。通过诱导同期发情技术和羔羊超期断奶技术，实现了一年两产或两年三产；运用微卫星标记技术对杂交组合母羊进行多胎基因预测，同时对多胎性状的主效基因进行标记，显著提高了多胎羊选种的准确性；母羊产羔率达到 205.27%，羊群平均繁殖成活率达到 165.66%。

5. 营养调控专业化

利用农作物秸秆微贮和种草养羊，人工种植苜蓿、青贮玉米、甜高粱等高产优质牧草。利用这些高产优质的牧草进行舍饲养羊，既能满足羊的营养需要，实现全年均衡饲养，又能降低饲养成本，实现肉羊舍饲生产的可持续发展。

6. 舍饲圈养精细化

通过不同能量和蛋白质日粮水平，对不同生长期肉羊饲料营养成分消化率和能量需要量及代谢规律研究的基础上，建立了适合于工厂化养羊特点肉羊舍饲圈养技术体系，实现精细化饲养。

7. 快速育肥工厂化

工厂化养羊生产中，羔羊育肥是关键，特别是如何做好羔羊断乳后的育肥。公司研究建立了杂交羔羊育肥期营养水平均一的育肥模式。

8. 新法加工常年化

利用优质肉羊屠宰新工艺，进一步完善了优质羊肉屠宰工艺流程、优质部位肉分割方法及品质等级划分标准，同时对优质羊肉及其成品加工、保鲜、包装、副产品的开发利用做了进一步的研究。通过优质肉羊屠宰新工艺提高了羊肉品质和市场占有率，也将给肉羊屠宰加工企业带来很好的经济效益。通过高频繁殖和快速育肥技术的推广应用，使肉羊生产由过去的每年冬季一次集中屠宰，改为现在的全年多次屠宰均衡上市，既保证了羊肉市场的供应，也增加了养羊者和屠宰加工企业的经济效益。

9. 肉羊保健程序化

建立集约化养羊重点疫病的防控程序，解决肉羊集约化养殖羊只保健问题。对肉用绵羊重点疫病的预防，就是要解决肉羊由放牧转变为舍饲饲养时环境变化给羊只带来的应激，研究肉羊工厂化生产条件下疫病发生规律，从而制定科学的免疫程序和疾病诊疗方案。

10. 羊粪制肥生态化

羊粪经过不同程度的处理，有机质分解、腐化，生产出高效有机肥等产品，实现了秸秆利用和种草养羊、羊粪制肥、肥施农田的资源循环利用，有效控制了工厂化养羊废弃物的污染和排放，减少烟霾，保护了生态环境。

三、效益分析

（一）经济效益

1. 年经营总收入

年经营总收入为 464. 6 万元。

（1）出售育肥肉羊营业收入 50. 0 万元。年销售育肥羊 500 只（不能作种羊的公母羔羊 1 687 只× 15% = 253 只，淘汰母羊 1 250 只×20%=250 只），销售价格为 1 000 元/只。

（2）出售种公羊营业收入 245. 0 万元。年出售种公羊 700 只，销售价格 3 500 元/只。

（3）出售种母羊营业收入 135. 0 万元。年出售种母羊 450 只，销售价格 3 000 元/只。

（4）羊毛收入 9. 6 万元。年产细羊毛 6 000 kg，16 元/kg。

（5）年生产有机肥收入 25 万元。年生产有机肥 500 t，500 元/t。

2. 总成本费用

年总成本为 336. 4 万元。

（1）总饲养成本。总饲养成本=种羊饲养成本+育成羊饲养成本。

种羊（种羊、种母羊）饲养成本包含干草费用、精料费用、青贮料费用。

干草费用。种羊只数×干草量/（d · 只）×365 d×每千克干草价格=成年羊年消耗干草费用。

精料费用。种羊只数×精料量/（d · 只）×365 d×每千克精料价格=成年羊年消耗精料费用。

青贮料费用。种羊只数×青贮料量/（d·只）×365 d×每千克青贮料价格=成年羊年消耗青贮料费用。

育成羊饲养成本包含干草费用、精料费用、青贮料费用。

干草费用。总羔数×干草量/（d·只）×150 d×每千克干草价格=育成羊年消耗干草费用。

精料费用。总羔数×精料量/（d·只）×150 d×每千克精料价格=育成羊年消耗精料费用。

青贮料费用。总羔数×青贮料量/（d·只）×150 d×每千克青贮料价格=育成羊年消耗青贮料费用。

合计为育成羊饲养总成本。

（2）总成本计算依据。需要依据种羊年存栏数、种羊出种羊、羊只年死亡率计算总成本。

种羊年存栏数包括种公羊、后备种羊和试情公羊年存栏数（50只/年）、基础母羊年存栏数（1 250只/年）、育成羊年存栏数（1 687只/年）。

种羊出种率计算。本公司年饲养德国肉用美利奴羊基础母羊1 250只，年繁殖成活率按照135%计算，年生产纯种公母羔羊1 687只，出种率按照85%计算，年向周边地区提供优质种公母羊1 434只。

羊只年死亡率包括种公羊、后备种羊和试情公羊死亡率（1%），基础母羊死亡率（3%），育成羊死亡率（5%）。

（3）总成本费用。年总成本336.4万元。其中，直接成本242万元，其他费用10.7万元，工资及附加40.2万元，制造费用20.5万元，营业费用11万元，管理费用12万元。

3. 经济效益

年纯经济效益128.2万元。年总收入464.6万元，年总成本336.4万元。

（二）社会效益

公司通过“国家肉羊核心育种场”建设，研发了“良种繁育、配套杂交、分户饲养、科学育肥、快速出栏、新法加工、全年均衡屠宰上市”的优质肉羊生产体系集成技术；通过该成果推广，将建立起以优质肉羊生产体系为重点，实施产业化开发，逐步形成高于国内现有技术水平，有别于国外的集约化方式，适合我国国情的优质肉羊杂交配套系和产业化模式，达到生产方式新、技术含量高、经济与社会效益好的目的；使农民养羊由陈旧传统的放牧饲养，转变为现代化设施的舍饲圈养，进行规模化、集约化生产，为优化畜牧业结构、活化农村经济、增加农民收入开辟了新途径。

公司每年向黑龙江省及周边省（区）肉羊养殖场（户）提供种羊 1 150 只，胚胎 1 000 枚，冻精 10 万剂，带动周边养羊场（户）平均年改良肉羊可达 10 万只以上，出栏育肥改良肉羊 20 万只以上。每只活重 50 kg，每千克 24 元，每只收入 1 200 元，累计可创社会效益 2 亿元以上，社会效益显著。

（三）生态效益

由于肉羊生产采用舍饲饲养方式，主要以秸秆和牧草等粗饲料为主进行饲养，不破坏生态环境，还能充分转化利用农副产品，羊粪生产有机肥，培肥还田，不仅减轻了养羊对草场退化的压力，而且还减少了使用化肥对土壤结构的破坏，增加了土壤的肥力，形成种植业和养殖业循环经济，秸秆利用，减少烟霾，产生明显的生态效益。

四、典型经验做法

在“大集团、大企业、大基地、良种化、规模化、标准化、品牌化、规范化”“三大五化”现代畜牧业发展战略思想的指引下，建立了以“良种繁育、配套杂交、分户饲养、科学育肥、快速出栏、新法加工、全年均衡屠宰上市”的优质肉羊生产体系，通过优质肉羊生产体系的推广，促进了垦区优质肉羊产业的发展。

（一）引进良种，建立“荒坡羊”供种基地

大山羊业引进德国肉用美利奴羊、澳洲白羊、特克塞尔羊、无角陶赛特羊、杜泊羊、高性能萨福克羊 6 个肉绵羊品种的公羊做父本。这些良种的杂交利用，在黑龙江省细毛和半细毛羊地区发展肉羊，达到保毛增肉的效果。在小尾寒羊地区发展肉羊，在增加产肉性能的同时，可实现一年两产的高频繁殖，是黑龙江省发展肉绵羊舍饲生产的首选父本品种。与大庆红色草原牧业发展有限公司、勃利县种羊场、齐齐哈尔市德美萨肉羊繁育有限公司、兰西县肉用种羊繁殖场合作，通过胚胎移植技术，迅速扩繁纯种羊数量。在黑龙江省形成年提供优质种羊 7 500 只的供种能力，年可改良肉羊 200 万只，成为全省最大的优质种羊供种基地。

（二）配套杂交，建立“荒坡羊”繁殖基地

根据各地区饲养羊品种不同，大力推广“黑龙江省肉绵羊杂交配套系”。把引进良种公羊和本地母羊进行科学合理利用，有序杂交，最大限度发挥公母羊的优势基因。

在肉羊协会的统一组织下，把查哈阳农场、依安农场、富裕牧场、红旗马场、绿色草原牧场和大山种羊场打造成优质肉羊联合体。通过适度规模+循环养殖、龙头公司+养殖小区等现代畜牧业生产方式，形成“原种在场（肉羊原种场）、繁改在站（农场肉羊人工授精站）、饲养在户（肉羊养殖户）”的优质肉羊三级繁育体系。结合黑龙江农垦管理局齐齐哈尔分局“小银行”富民行动计划，在全局建立羊人工授精站 100 个，扶持、带动年出栏 1 万只以上的养羊场 20 个，年出栏 1 000 只以上的养羊场 100 个，年出栏 500 只以上的养羊户 200 户，年出栏 100 只以上的养羊户 500 户，年出栏 50 只以上的养羊户 1 000 户，达到管局内年出栏优质肉羊 50 万只。加之黑龙江省合作的五个种羊场，可建成年出栏优质肉羊 100 万只繁殖基地。

（三）科学饲养，建立“荒坡羊”饲料生产基地

大山羊业和黑龙江省哈尔滨海大饲料有限公司合作，开发出优

质肉羊各期预混料、浓缩料、全价料、羔羊代乳料和育肥羊专用料。

大山羊业饲草饲料资源丰富，发展养羊业有着得天独厚的饲料资源，公司通过引导养羊户种植青贮饲料，指导养羊户合理利用秸秆，帮助养羊户利用配合饲料进行科学育肥。公司将通过牧草种植、农作物秸秆利用、精料补充料开发等方式，建立起优质肉羊饲料生产基地，从而为优质肉羊产业开发提供饲料保障。

（四）打造品牌，建立“荒坡羊”羊肉生产基地

在“公司+农户”和“龙头+基地”的产业化模式牵引下，通过“三级繁育体系”和“肉绵羊杂交配套系”的推广，建立“优质肉羊生产体系”。采用国内领先的屠宰设备和方法，生产的羔羊肉达到国际羔羊肉标准，是省内独有的优质高档羊肉。大山羊业已在国家工商局（现国家市场监督管理总局）注册“荒坡羊”羊肉品牌。全省五个种羊场和全局六个农场及其肉羊产业辐射区所产的羔羊，采取订单回收的方式，统一屠宰，共同冠以“荒坡羊”品牌上市，打造黑龙江省“荒坡羊”品牌，从而建立“荒坡羊”羊肉生产基地。

第二节　肉羊种羊场典型案例

一、嘉祥县种羊场基本情况

嘉祥县种羊场坐落于山东省济宁市嘉祥县梁宝寺镇境内，始建于1976年，占地近3 000亩，是我国唯一的“国家级小尾寒羊保种场”，主要担负我国小尾寒羊的保种、选育、科研和良种推广工作。

嘉祥县种羊场先后被评为“国家级重点种畜禽场”“国家级畜禽遗传资源保种场”“国家级肉羊标准化示范场”、全国首批“国家肉羊核心育种场”“山东省省级牛羊布鲁氏菌病净化场”。嘉祥小尾寒羊多次被评为“山东省十大畜禽地方品种名牌”，取得农业农村部农产品地理标志登记证书、农业农村部无公害农产品证书、国家工商总局地理标志证明商标。嘉祥县种羊场是山东省畜牧业协会羊业分会常务理事单位、山东畜牧兽医学会理事单位、山东农业大学动物科技学院教学科研基地、山东农业工程学院和济宁市农科院试验示范基地。

嘉祥县种羊场在小尾寒羊的保种、选育、科研和良种推广工作中，坚持走育繁推相结合、产学研一体化的路子，多方位、多元化地把小尾寒羊的保种与推广、科研与生产相结合，实行以种羊场为核心、以示范场为基础、以周边养殖户为依托的群选群育、保种、科研和技术推广体系。建场以来，嘉祥县种羊场累计向全国推广小尾寒羊良种近 10 万只，促进了各地养羊业的发展，对我国肉羊生产和农牧民增收致富起到了积极的推动作用，取得了较好的经济效益和社会效益。

嘉祥县种羊场高度重视科研工作，积极与大专院校、科研院所合作，历年来主持或协作完成国家、省、市、县科研课题 10 多项，在国家级刊物发表专业论文及作品 20 余篇。其中，《小尾寒羊生产利用及配套技术研究》和《中国肉羊品种选育》荣获国家科技进步奖三等奖。

嘉祥县种羊场实施了“花园式牧场”建设并通过验收，在场区内外种植了树木以及低矮常绿灌木，配以花草组合，对养殖区进行了绿化美化亮化，逐步把种羊场打造成了环境优美、生态安全的“济宁市美丽生态养殖场”。

二、肉羊健康高效养殖关键技术

1. 基础设施建设完善

羊场布局合理，五区配套，生产区、生活区、办公区、隔离区和粪污无害化处理区严格分开；拥有饲草料加工和实验室等各类仪器设备 20 多台套；建有标准羊舍和草料库房 9 000 余平方米；存栏小尾寒羊 1 000 多只，带动周边养殖场户饲养小尾寒羊 5 万多只，实现了饲草料加工、运输和饲喂的机械化。

2. 采取分群分阶段精准饲养

种羊场将公羊、母羊、育肥羊、育成羊分群饲养。种公羊按照非配种期、配种期，种母羊按照空怀期、妊娠期、哺乳期、分娩期进行饲养管理。后备羊按照出生、断奶、育肥、育成进行饲养管理。

3. 实现种养循环一体化生态养羊模式

种羊场将粪便堆积发酵后，用于种植苜蓿、青贮玉米等农作物。羊群在苜蓿种植区实行分区轮牧；利用青贮玉米制作全株青贮饲料；粉碎花生秧、地瓜秧、豆秸等作为粗料。

三、效益分析

（一）经济效益

按饲养种母羊 500 只，饲养种公羊 20 只的规模，正常情况下，每年可繁殖羔羊 1 500 只，年出栏小尾寒羊育肥羊 1 000 只，推广种羊 500 只。定员 4 人。按照建设期 3 个月，建成 9 个月达到设计产量。生产经营期 10 年。

1. 羊舍投资

羊舍一般采用南北走向双列式，钢结构框架，漏粪羊床和自动刮粪设备养殖。设计 3 栋羊舍，每栋羊舍建造面积 1 000 m^2。其中一栋饲养 500 只基础母羊和 20 只种公羊（每只母羊需要 1.8 m^2，公羊需要 5 m^2），一栋为育成羊羊舍，一栋为育肥羊羊舍。羊舍建设的投资预算大约为每平方米 300 元，其中包括场区绿化、钢结构大棚、硬化道路、羊床建造、自动清粪及保温设施投资等。每个大棚建设面积 1 000 m^2，投资预算 30 万元。设计 3 栋羊舍的总投资 90 万元。

2. 购买种羊投资

需要引进小尾寒羊育成种母羊 500 只、种公羊 20 只的费用

110 万元。其中育成母羊 8~12 月龄，平均每只预算 2 000 元；公羊 1~2 岁，每只预算 5 000 元。饲养 500 只母羊年可繁殖 1 500 只小尾寒羊。

3. 机械、仪器设备投资

购买全混合日粮搅拌机（TMR）、饲草揉搓机、铡草机、青贮设备、草料运输车辆、检测仪器及建造草料加工棚需要投资 30 万元。

4. 饲养总成本费用

饲养总成本费用预算为 163 万元。

（1）饲草费用。20 只种公羊、500 只基础母羊和 1 500 只育肥羊，种公羊每日需要优质干草 2 kg，基础母羊每日需风干饲草 1.5 kg；育肥羊饲养到 8 月龄出栏，每只共需要风干饲草 150 kg。每年共需优质饲草大约 500 t，按 900 元/t，计 45 万元。

（2）饲料费用。种公羊每日每只需要优质精料 1 kg，基础母羊每日每只需要精饲料 0.5 kg，种公、母羊每年大约需要配合饲料 100 t；育肥羔羊每日每只需配合精饲料 0.3 kg，育肥期需要配合饲料 160 t。合计每年需要精饲料 260 t，2 500 元/t，全年需要的饲料费用共计 65 万元。

（3）水电燃油费。每年需电 1 万 kW·h，单价为 0.54 元/(kW·h)。每年需自备井水 750 m^3，供水用电费 0.2 元/m^3，每年水费、燃料动力费和车辆燃油费约为 1 万元。

（4）工资及福利费。定员 5 人，平均每人每年工资及保险福利费按 8 万元计，每年工资及福利费为 40 万元。

（5）设备维修费。每年为 1 万元。

（6）疾病预防治疗费用。每年为 1 万元。

（7）固定资产折旧。羊舍、仪器设备、机械等年折旧 10 万元。

5. 销售收入估算

本项目年销售收入为 245 万元。

按正常年生产和销售估算，繁育推广良种小尾寒羊 500 只，平均每只按 2 000 元计算，计 100 万元；商品肉羊 1 000 只，育肥到 55 kg 出售，每只按 1 400 元计算，收入 140 万元，羊毛、羊粪等其他收入 5 万元。

6. 利润收入

年饲养 500 只基础母羊，将产生较大的经济效益。年可产生纯利润为 82 万元（销售收入 245 万元-饲养成本 163 万元）。未计算种羊淘汰损失。

（二）社会效益

饲养 500 只基础母羊，年可提供良种 500 只，通过示范带动周边农民养羊致富，每户按饲养 10 只计算，可为 50 户农牧民提供优质小尾寒羊良种，每户每年可生产小尾寒羊 30 只以上，根据目前市场行情计算，可为每户增加收入 6 万元。同时，通过小尾寒羊饲养和繁育推广，可对其他省份改良当地绵羊品种和畜牧业发展起到较好的示范带动作用。

（三）生态效益

农区和半农半牧区农作物秸秆资源丰富、质优价廉，饲养小尾寒羊可以充分利用农作物秸秆，通过过腹还田，变废为宝，合理利用，既增加了当地农民收入，改善了农村生活环境，又实现了种养结合、农牧生态循环发展。

四、典型经验做法

小尾寒羊多胎高产，两年三胎，管理跟上可一年两胎或三年五胎，相比一些地方品种一年一胎，一胎一羔，引进饲养小尾寒羊效益显著提高。

2000 年和 2003 年，河北省政府投入千万巨资，从山东省嘉祥县、梁山县和东平县购买 2. 8 万只小尾寒羊羔羊，免费投放给张家口地区坝上坝下五个贫困县的贫困户，每户 5 只母羊，3 年内交还 6 只同等大小的羔羊，采取滚雪球式发展模式，帮助和带动了其他贫困户一起脱贫致富。经过多年发展，当地小尾寒羊及其杂交后代遍布各县区，所产羔羊多数销售到河北唐县、山东利津等地进行强化育肥。张家口地区大力推广饲养小尾寒羊，变放牧为舍饲圈养，退牧还草还林，不仅改善了当地生态环境，而且让当地贫困户早日脱贫致富，为半农半牧区畜牧业的发展模式提供了成功经验。

第三节　肉羊全产业链发展模式典型案例

一、陕西省铜川市程明牧业股份有限公司基本情况

陕西省铜川市程明牧业股份有限公司成立于2014年，主要经营范围是种羊繁育销售、牧草种植销售、种植养殖技术服务。

公司现存栏肉羊4 000余只，种植牧草1.26万亩，公司发起成立了铜川市羊产业联盟，按照“六统一”的模式运行，为铜川市肉羊产业发展做出了突出贡献。公司注册“千金翼养”牌药膳养生羊肉被中国保护消费者基金会评为“重质守信—3.15满意品牌”。目前已基本形成了以肉羊养殖为牵引，围绕肉羊产业发展绿色优质果蔬种植、羊肉销售、观光旅游和药膳羊肉体验为一体的全产业链发展模式。公司先后荣获“铜川市科技农业助推脱贫攻坚十佳企业”“产业扶贫优秀畜牧企业”等荣誉称号，公司带头探索的“四个五”产业扶贫模式被陕西省农业农村厅在全省推广，带动贫困户1 900余户，指导带动13个村集体经济组织发展肉羊产业，为村集体经济组织分红55万余元。

二、肉羊健康高效养殖关键技术

为了保障养殖效益，公司主要推广了拱棚养殖、高床养殖、益生菌养殖、品种改良和保健羊肉生产5项技术，这5项技术都比较成熟，根据农户的养殖习惯和生产条件选择。拱棚养殖的特点是造价低；高床养殖的特点是便于机械化粪污处理；益生菌养殖的特点

是饲料利用率高；品种改良上主推耐粗饲、宜圈养、产仔率和羔羊成活率高、生长速度快、出肉率高的湖羊；保健羊肉充分结合铜川市中药养生文化和丰富的中药材资源，在饲料中添加一定的中草药及中药材辅料，生产的羊肉不腥、不腻、不膻，具有多重保健功效。公司推广 5 项高效养殖技术，促进肉羊产业转型升级。

三、效益分析

公司充分发挥在应对风险、对接市场、打造品牌、组织生产等方面的作用，产业扶贫长效机制初步形成，公司不断壮大、贫困户不断增收，实现了公司和贫困户的“双赢”。

（一）产业脱贫成效显著

公司带动全市 15 个乡镇 80 个村的 1 900 余户贫困户，以“公司+贫困户”方式带动贫困户 163 户，以“公司+村集体经济组织+贫困户”方式带动贫困户 900 余户。从事养羊贫困户 104 户，养殖肉羊 1 000 余只；从事牧草种植的贫困户 750 户，订单种植牧草 1 万亩以上；50 余户贫困户通过务工增收。累计为托管、代养的贫困户分红 36 万余元，户均增收 1 500 元以上；托管了 8 个村集体经济组织建设的规模肉羊场，为村集体经济组织分红 55 万余元；带动贫困户种植牧草，户均每亩增收 210 元以上。

（二）公司规模不断壮大

公司最初只有肉羊 300 余只、牧草 3 000 余亩、资产仅 120 万余元，随着公司的壮大，形成了牧草种植、养殖、羊肉分割、观光旅游和羊肉餐饮体验等羊的全产业链，公司影响力不断增强，已吸引了黄陵、三原、西安等地上下游企业合作。公司“千金翼养”牌药膳羊肉被中国保护消费者基金会评为“重质守信—3. 15 满意品牌”，受到市场追捧。

（三）贫困户多重受益

贫困户除了享受到托管、分红等收益外，公司将贫困户生产投入降低，比如饲料等投入品经营企业主动与公司对接，由原来的先付款后送货转变为按低于市场价赊销给公司；进一步激发贫困户发展产业脱贫的内生动力，公司带动残疾人赵转过成立了肉羊养殖合作社，从生活困难户到成为致富带头人。

四、产业扶贫模式和具体做法

（一）产业扶贫典型模式

公司主要以“公司+贫困户”“公司+村集体经济组织+贫困户”为组织架构，通过订单种植牧草、养殖肉羊、保价回收牧草和羊只、保底分红等形式使联盟成员和贫困户建立了稳定的利益联结机制；通过将羊产业联盟的“六统一”服务，即品种统一、饲草料配方统一、防疫统一、技术统一、档案统一、销售统一，拓展到帮扶的贫困户，充分发挥了龙头企业在技术服务、市场开拓、品牌推广方面的优势和合作社在组织生产、服务社员方面的优势。

（二）产业扶贫具体做法

1. 公司帮助贫困户代养

对不具备养殖条件的贫困户，购买羊后，与公司签订合同，直接交由公司代养，每年按照首次代养羊只总价10%以上分红。

2. 为村集体开展职业托管服务

对发展到500只以上规模，没有精力或没有能力的村集体经济组织或贫困户，公司把贫困户“扶上马”，再“送一程”。由公司派驻职业团队，自主经营，每年至少给养殖户10万元的利润。托管满一个周期（5年）后，弱羊和病羊淘汰及死亡的损失由公司承担，羊舍等固定资产、原有数量的种羊全部返还养殖户。

3. 带动农户种植牧草

对不愿意从事养殖的贫困户，按照现在的贫困户脱贫标准和牧草价格，由公司免费提供种子，贫困户种植牧草，公司与贫困户签订收购合同，以最低保护价回收。

4. 多途径降低贫困户养殖风险

聘请了西北农林科技大学2名研究员，帮助制定了一整套完整的技术标准，邀请专家不定期为养羊贫困户开展技术培训，组织外出参观交流学习，相互借鉴经验。针对疫病风险的问题，由公司技术员免费上门打疫苗，做好疫病防治服务，解决贫困户养殖技术问题。针对市场风险，公司与贫困户签订最低保护价收购协议，让贫困农户感到只要愿意养，即使跌价也不会赔本。

五、公司未来的发展期望

公司将瞄准绿色生态健康不断提高养殖效益，推动一二三产业融合，实现羊产业链闭合。

公司推广“中药材防病+益生菌平衡营养+EM 菌处理粪污+福利养殖+无抗养殖+品质保障港”的绿色生态健康养殖模式，提高羊肉品质，增加养殖效益。一是标准化管理。采用“461”（四高六早一全）标准化管理模式，利用羊的黄金生长与繁殖年龄段，实现肉羊养殖效益最大化。二是中药材防病。分阶段、分年龄给饲料中添加柴胡、黄芩等中药材提高免疫力，预防疾病。三是全场喷洒 EM 菌处理粪污，为羊提供舒适的生长环境。四是全程无抗养殖，全场播放轻音乐，生产的羊肉“不膻、不腥、不腻、无抗生素”，受到市场青睐。

公司积极探索形成了“牧草种植+分段养殖+屠宰+销售”的闭合产业链和一二三产业融合的循环发展模式。一是牧草种植，保障供给。联盟成员订单收购农户牧草，农户通过种植青贮玉米、果园套种三叶草、苜蓿草等固氮类牧草加入产业链，既保障饲草供应，又让农户分享产业收益。二是分段饲养，统一管理。将羊联盟成员分为专业扩繁场、育肥场，按照品种、饲草及饲料配方、防疫、技术、档案、销售“六统一”的机制管理运行，推广拱棚养殖、高床养殖、益生菌养殖、保健羊肉生产技术，不断整合、拓展肉羊养殖产业链资源，顺畅前后环节、上下链条，优化生产周期，提高养殖效益。三是就地屠宰加工，延长产业链。依托宸阳牛羊肉屠宰基地、程明美丽牧场肉羊分割车间，把羊进行精细化分割、包装变成羊肉；同时按照不同市场需求，开发了速冻系列、烤羊肉系列、药王药膳养生系列产品等20余种羊肉产品，延长了产业链。四是搭建起产销对接平台，完成产业链闭合。联盟在北京、上海、福建厦门、深圳、西安等设立代理商5个，在兴平市设立羊肉体验店牧羊人餐厅，与福州商会陕西分会、陕西裕昌隆农业科技有限公司签订了销售代理协议，年销售额达到500万元；同时建设生态养殖与休闲观光为一体的美丽牧场，进一步丰富销售方式，拓展销售渠道，把羊肉变成金钱，完成产业链闭合，形成循环发展的良好态势。

第四节　肉羊养殖“十化同步”典型案例

一、江苏省徐州市苏羊羊业有限公司基本情况

1998年，公司成立创始人陈家振牵头创办了苏羊公司，成为我国农区工厂化养羊的里程碑。公司先后引进了波尔山羊、杜泊羊、湖羊，是农业农村部标准化示范场、江苏省生态健康养殖场、江苏省畜禽良种化示范场、江苏省科普教育基地、徐州市农业产业化龙头企业。同时建设有羊业技术培训中心、中国羊文化博物馆、江苏省肉羊生态健康养殖工程技术中心、江苏省优秀研究生工作站、江苏省科普惠农服务站。

公司注册资本1 000万元，占地130亩，建筑面积1.6万 m^2，标准羊舍30栋，1.2万 m^2，饲草、饲料储存仓库1 000 m^2，粪便储存、发酵车间500 m^2，玉米秸秆青贮池2 000 m^3，饲养了波尔山羊、徐淮白山羊、湖羊、杜泊羊繁殖母羊4 500只，每年出栏湖羊种羊、肉羊1.5万只。

二、肉羊健康高效养殖关键技术

在企业发展模式上创造了肉羊养殖“十化同步”，即场区园林化、环境生态化、种养一体化、生产自动化、品种良种化、营养科

学化、防疫程序化、产品安全化、服务社会化、运行集团化。

1. 场区园林化

公司按照羊场建在公园中、羊群长在花丛中、四季有花、三季有果的理念，投入20万元，建设了女贞、紫薇、月季大道、金丝垂柳大道、百果园和百花园，绿化面积占到场区的60%以上，颠覆了羊场脏、乱、臭的历史，实现了园林和羊场建设的有机融合，绿化和羊群生活的高度统一，成为我国第一个园林式、公园式羊场。

2. 环境生态化

按照生态苏羊、绿色苏羊、美丽苏羊、幸福苏羊的理念，公司养殖场区做到了功能齐全，水电配套，路路相通，沟沟相通，管网暗化，生活、办公、养殖区分开，净道污道分开，办公区、生活区、养殖区均用苗木、花卉分开，养殖区圈舍之间栽植了女贞，实现了绿色覆盖，四季常青。为了保证养殖区空气畅通，羊舍全部采取了钢构设计，两端留门，四周留窗，无动力风机常年运转，夏季通风，冬季保暖，空气清新，为羊群的生长发育提供了可靠的生态保障。羊群全部采用高床饲养，实现了羊粪尿与身体的分离，成为世界养羊历史的革命。

3. 种养一体化

为了实现产业的零排放，零污染，公司承包了百亩农田，创造了羊粪肥田，田里种植饲料作物，草料养羊过腹还田的种养一体化模式。养殖区采用苗木下油菜、大豆轮作的模式，春季油菜花开，香飘四溢；秋季大豆丰收，果实、秸秆全部成为养羊的绝佳草料。

4. 生产自动化

从2010年以来，提出了工厂化的概念，对工厂化养羊的关键技术进行了攻关，配套技术进行了集成，形成了工厂化养羊技术体系，荣获了江苏省农业丰收奖和徐州市科技进步奖。创造了钢构养羊车间，实现了自动通风、自动清粪、自动饮水、自动消毒、自动控温、智能监控。采用了全混合日粮技术和机械化上料技术，实现了一个劳动力管理 5 000 只羊的先进水平。研究成果荣获了江苏省农业丰收奖和徐州市科技进步奖，工厂化羊圈、自动清粪装置、自动饮水装置、日粮全混合机械获得了国家专利授权。

5. 品种良种化

公司 1998 年开始实施农业部“948”项目，从南非引进了波尔山羊，建成了中原农区第一个规模羊场，对本地山羊进行了杂交改良，改良普及率达到 95% 以上，推动全县养羊业成为市议员的大产业。2011 年公司开始引进国家保护的湖羊新品种，利用湖羊耐粗饲，产羔多的特点，建成了苏鲁豫皖接壤地区的万只规模羊场。为了适应市场的多元化需要，又引进杜泊羊、丰县青山羊、黄淮山羊。

6. 营养科学化

苏羊公司采用全颗粒饲料养羊，无草养羊，全自动化上料不久会在苏羊公司诞生，继续领跑中国养羊业的新技术革命。营养全面科学，提高羊群的成活率，增加综合效益。

7. 防疫程序化

苏羊公司遵循防重于治、养重于药的原则，在提高羊群自身抵抗力上做文章，在防疫上下功夫。除了按正常的程序注射疫苗外，坚持羊群只出不进，少进多出，减少传染病的传播。大力推广床上养羊，实现羊群与粪尿的分离；坚持卫生消毒，防患于未然。建设通风通光，冬暖夏凉的圈舍，推进福利养羊，生态养羊，快乐养羊。把生产与生活相结合，实现羊与人的和谐，与自然的和谐，在国内首家推进幸福养羊。

8. 产品安全化

苏羊公司推出了红烧羊腿、红烧羊排、手抓羊排、红焖羊肉、孜然羊肉、香辣羊蹄、枸杞羊汤、全羊宴、羊三宝、羊肉酱等系列礼品包装和休闲食品。公司坚持自繁自养自加工，从源头上保证了羊肉产品的质量。在加工环节购进了智能化、自动化的蒸煮锅、斩拌机、灌装机、灭菌釜、包装机、打码机，严格按照食品安全操作规程生产、包装、储存、运输。

9. 服务社会化

公司创建了中国山羊网、中国湖羊网、波尔山羊网，建设了羊业科技培训中心，开通了企业微信、QQ 等，接受养羊企业、羊业大户的技术咨询，面向全国普及养羊知识。经江苏省科技厅批准，建立了全国首家羊业科技超市，实现了技物结合一站式服务。

10. 运行集团化

公司在创建千只波尔山羊养殖示范基地、万只湖羊养殖示范基地的基础上，按照全循环运行，全产业链发展的理念，先后与苏北活羊交易市场、徐州超群饲料公司、徐州康来健食品有限公司进行横向联合，公司由开始的养殖业发展到今天的集肉羊养殖、饲料生产、屠宰加工、交易市场、餐饮美食、技术服务六位一体的产业集团。

参考文献

包小芝，2019. 羊传染性脓疱病的流行与防控［J］. 中国畜禽种业（11）：163.

陈其新，2012. 肉羊标准化生产［M］. 郑州：河南科学技术出版社.

单玉波，刘宇，2020. 羊传染性脓疱病的流行与诊治［J］. 畜牧兽医科技信息（1）：95.

董宽虎，沈益新，2016. 饲草生产学［M］. 第 2 版 . 北京：中国农业出版社.

高伟，2017. 夏季羊群饲养与保健几个方面要点［J］. 现代畜牧科技（9）：146.

谷风柱，沈志强，王玉茂，2016. 羊病临床诊治彩色图谱［M］. 北京：机械工业出版社.

郭金玲，刘庆华，2004. 新编饲料应用技术手册［M］. 郑州：中原农民出版社.

郭秀山，李玉冰，2007. 肉羊生产技术［M］. 北京：中国农业大学出版社.

韩立奎，刘超，2019. 浅析羊病治疗中存在的误区与解决措施［J］. 现代畜牧科技（8）：152，158.

何建国，韩晓枫，陈智勇，等，2014. 浅谈羊的卫生保健与防疫［J］. 中国畜禽种业（9）：77.

侯建民，2014. 无公害商品肉羊生产新技术［M］. 石家庄：河北科学技术出版社.

黄明睿，朱满兴，王锋，2016. 肉羊标准化高效养殖关键技术

[M]. 南京：江苏凤凰科学技术出版社.
黄秀兰，2020. 羊口蹄疫鉴别诊断及防治 [J]. 畜牧兽医科学 (1)：126-127.
嵇庆刚，2017. 冬季肉羊养殖应注意的几个方面 [J]. 现代畜牧科技 (2)：15.
金国良，李涛，2007. 舍饲肉羊卫生保健的常规程序 [J]. 畜牧兽医科技信息 (9)：43.
李文海，张兴红，2019. 肉羊规模化生态养殖技术 [M]. 北京：化学工业出版社.
李霞，2020. 羊寄生虫病的危害及防控 [J]. 兽医导刊 (2)：12.
李英，曹玉凤，2006. 畜禽饲料无公害标准化生产技术 [M]. 石家庄：河北科学技术出版社.
李拥军，薛慧文，张浩，2018. 肉羊健康高效养殖 [M]. 北京：金盾出版社.
李永成，滕井胜，2008. 肉羊育肥期间的卫生保健 [J]. 养殖技术顾问 (6)：20.
林洪金，史东辉，2008. 动物营养与饲料 [M]. 北京：中国农业科学技术出版社.
刘洪波，张善芝，何孟莲，2020. 科学养羊技术 [M]. 北京：化学工业出版社.
刘继涛，2013. 肉羊的免疫接种及注意事项 [J]. 新农村 (2)：31.
刘建斌，2014. 现代肉羊生产实用技术 [M]. 兰州：甘肃科学技术出版社.
刘强，2007. 牛饲料 [M]. 北京：中国农业大学出版社.
刘昀，2019. 肉羊卫生防疫与疾病防治措施探讨 [J]. 中国畜禽种业 (7)：100-101.
仁文斌，2019. 羊寄生虫病的综合防治措施 [J]. 畜牧兽医科技信息 (11)：68.

王洪荣，2013. 粗饲料资源高效利用［M］. 北京：金盾出版社.

王金文，崔绪奎，2014. 肉羊健康养殖技术［M］. 北京：中国农业大学出版社.

王涛，杨伟栋，2017. 肉羊发生疾病的综合预防与防疫措施［J］. 现代畜牧科技（7）：156.

吴晓青，2016. 羊伪狂犬病的诊断治疗［J］. 中国畜牧兽医文摘，32（8）：182.

夏风竹，田梅，2014. 肉羊高效养殖技术［M］. 石家庄：河北科学技术出版社.

夏风竹，田梅，2014. 羊病防治实用手册［M］. 石家庄：河北科学技术出版社.

杨国太，2019. 羊病常用治疗方法操作要领［J］. 畜牧兽医科学（19）：68-69.

杨久仙，宁金友，2006. 动物营养与饲料加工［M］. 北京：中国农业出版社.

曾兵，黄琳凯，陈超，2013. 饲草生产学实验［M］. 重庆：西南师范大学出版社.

张萍，2020. 羊传染性脓疱病的防治措施［J］. 中国动物保健（3）：24.

张英杰，2010. 羊生产学［M］. 北京：中国农业大学出版社.

赵立富，2015. 羊免疫接种的注意事项［J］. 中国畜牧兽医文摘，31（7）：110，160.

周华萍，何旭，吾拉依木・克其克，2019. 羊寄生虫病综合防治措施［J］. 中国畜禽种业（12）：96.

周剑飞，林雄，徐卫兵，等，2018. 羊伪狂犬病的诊断与防治［J］. 上海畜牧兽医通讯（5）：68.

朱海泉，2016. 羊养殖技术［M］. 石家庄：河北科学技术出版社.